Packaging mode d'emploi

Packaging mode d'emploi

De la conception à la distribution

Philippe DEVISMES

DUNOD

Table des matières

Préface

Le *packaging* fait de plus en plus partie intégrante du produit, il est un des éléments de son *marketing.*

La cohérence visuelle entre le produit et la firme est capitale pour assurer la personnalité de celle-ci et en affirmer son *identité.*

On n'a jamais autant parlé de *marketing.* Mais qu'est-ce que le marketing ? Parmi les définitions qui en ont été données, la plus courte est : « Création de la demande ». Nous adoptons néanmoins la plus précise, celle du Professeur Teresi :

« Le *marketing* est l'ensemble des activités de l'Entreprise qui ont pour objet la création et la découverte des besoins des consommateurs ainsi que la satisfaction de ceux-ci ; avec les produits et les services qui, par leurs caractéristiques internes et externes, par leur prix et leur disponibilité dans le temps et dans les lieux demandés, peuvent offrir un ensemble d'avantages compétitifs qui assureront l'*achat répété* des consommateurs et la *profitabilité* de l'Entreprise ».

Aujourd'hui le *design* permet de maintenir et même de développer la notoriété et l'*image de marque* d'une société ou d'un groupe, en l'utilisant de façon cohérente sur les supports naturels de la communication dont les *produits* et leurs *packagings* sont les premiers *vecteurs.*

Pour être un parfait *« coordinateur-packaging »* il faut se rappeler que le packaging d'un produit est tout ce qui n'est pas le produit lui-même. Mais traiter le packaging, c'est impérativement prendre en compte sans les dissocier contenant et contenu, c'est-à-dire l'élaboration des matériaux, des technologies de fabrication du produit, des techniques de conditionnement, des procédés d'impression, etc. Il y a de nombreux métiers du packaging, du fabricant au vendeur et même au consommateur.

Le *marketing-packaging* intégrant le design n'a donné matière qu'à peu d'ouvrages et il n'est pas enseigné dans le monde universitaire.

Au terme de ma carrière professionnelle en 1989, j'ai rencontré Philippe Devismes au cours d'un séminaire qu'il animait, sur le thème

« Maîtriser la réalisation de vos packagings de la conception à la fabrication ». Son discours m'a séduit par sa simplicité, sa clarté, ses qualités pratiques, techniques et, surtout, par sa conviction.

Depuis des années, c'était la première fois que j'entendais un dirigeant d'agence de création parler de *créatif appliqué*, et ce avec foi et sérénité. En tant qu'initiateur du packaging au sein du groupe Casino (grande distribution), j'ai apprécié cette approche.

Aussi ai-je répondu favorablement à sa demande de collaborer à son ouvrage et je le félicite pour ce précieux guide pratique de la création « Packaging " Mode d'emploi " », mis à la disposition de tous ceux, diplômés ou non, qui sont ou seront confrontés au « puzzle du packaging », exigeant : rigueur, minutie, coordination et surtout passion.

Afin d'ouvrir la voie aux créatifs, sachons que la création implique l'adaptation aux besoins des *consommateurs* donc des *marchés* et songeons que les *besoins insatisfaits des clients* sont sans aucun doute l'une des meilleures sources d'idées nouvelles.

René DONNASSON,

Diplômé EFP,

Ex-Responsable du Bureau Packaging
Groupe Casino (1975-1990)

Avant-propos

Huit nouveaux produits sur dix lancés chaque année sont considérés comme des échecs. C'est souvent à travers le packaging qu'il faut chercher les explications de ces résultats.

Lors des stages packaging que j'anime, j'ai rencontré de nombreux chefs de produits, directeurs du marketing ou directeurs commerciaux. Tous ont au moins deux points communs : la prise de conscience du rôle du packaging pour leurs produits et la grande difficulté vécue au quotidien pour le réaliser.

Cet ouvrage se veut un guide pratique pour tous ceux et toutes celles qui ont à réaliser des packagings. Il n'a pas pour objectif de juger telle ou telle création, mais plutôt de donner les moyens et les méthodes nécessaires à chacun pour mener à bien son projet.

La plupart des exemples présentés concernent des produits alimentaires ou de grande consommation : ce sont des produits à durée de vie courte, qui nécessitent une réflexion packaging approfondie, et peuvent de ce fait être considérés comme des cas difficiles. Les méthodes que nous développons sont transposables à tous les types de produits auxquels s'applique un projet packaging.

Cet ouvrage ne s'adresse pas seulement aux industriels mais aussi aux distributeurs, qui sont de plus en plus concernés par le packaging ; à travers les différents chapitres de ce livre, chacun pourra sûrement reconnaître et résoudre ses difficultés quotidiennes.

La plupart des chapitres sont appuyés d'une enquête réalisée auprès des directeurs du marketing, chefs de groupe et chefs de produits, de groupes industriels spécialisés en grande distribution ; ceci permettra à chacun de se situer par rapport au marché.

L'ambition de *Packaging, mode d'emploi* est de vous faire devenir un véritable « chef d'orchestre packaging » et non un technicien. Considérez donc les chapitres comme autant d'outils, de méthodes et de façons d'approcher les difficultés que vous rencontrez.

En packaging comme dans d'autres domaines, il existe des grandes règles, mais chaque cas reste un cas particulier.

Vous trouverez à la fin de cet ouvrage le dictionnaire des mots couramment utilisés lors de toute réalisation packaging. N'hésitez pas à vous y référer, il vous aidera à mieux comprendre mais aussi à mieux vous faire comprendre.

CHAPITRE 1

Introduction au packaging

LE PACKAGING, emballage du produit, est à la fois un contenant et un média, qui doit véhiculer le produit mais aussi en communiquer les caractéristiques et l'identité uniques.

Ultime enveloppe et ultime message du produit, son élaboration doit répondre aux besoins des consommateurs, et son action doit s'inscrire dans une stratégie marketing.

Considérez-vous le packaging comme un média ? *	
oui : 95,4 %	non : 4,6 %

Un peu d'histoire

Autrefois, dans le domaine alimentaire, la plupart des marchandises étaient traitées en vrac. Elles arrivaient du producteur au distributeur, qui les revendait directement à partir de balles, de cartons, de caissettes en bois, de sacs de jute. Une feuille de papier roulée en cornet, un sachet, voire un morceau de journal, suffisaient à l'épicier pour envelopper les produits vendus, sans que figurent ni sa marque, ni celle du fabricant.

Ces packagings étaient simples, sobres, pratiques et assuraient la protection des articles, les isolaient les uns des autres pour permettre à la ménagère de les acheminer jusqu'à son domicile. Là, elle procédait à leur rangement dans divers récipients de verre, de métal, ou autres.

* Ces chiffres sont issus d'une étude menée auprès des directions marketing de 100 sociétés parmi les plus réputées pour leur dynamisme marketing.

De nos jours, le développement du libre service, de la grande distribution, d'Internet, de la concurrence des marques, de la chaîne du froid, et des médias publicitaires a modifié les principes de vente. Les conditionnements et les packagings sont devenus des « vendeurs silencieux » et d'autant plus éloquents que la reconnaissance des produits dans leurs rayons s'avère rapide et facile.

Par leur puissance d'attraction visuelle, ils provoquent la vente tout en protégeant le produit contre les facteurs d'agression internes, externes, et maintiennent sa qualité jusqu'à son utilisation. Chaque graphisme signe l'image de marque de la firme qui distribue, identifie le fabricant ou le distributeur, et permet sa reconnaissance dans l'immense panorama multicolore et provocateur qu'offrent les étalages des grands magasins.

En effet, les packagings ont dans la distribution un rôle incontestable et important, dont on ne cerne pas toujours les différents aspects.

Le packaging, élément clé du marketing-mix

Le marketing est considéré comme l'ensemble des actions coordonnées (études de marché, publicité, promotion sur le lieu de vente, recherche de nouveaux produits, etc.) qui concourent au développement des ventes d'un produit ou d'un service. Le packaging est donc partie intégrante du marketing. Depuis les années 70, sont apparus de véritables spécialistes, capables d'aborder, traiter et résoudre les divers problèmes liés à la conception des emballages :

- des hommes de marketing qui définissent un projet, en analysant la nature d'un besoin à partir d'études de marché et qui orientent le développement vers les vraies valeurs utiles ;
- des ingénieurs produits et des ingénieurs packaging en charge de traduire une idée en véritable démarche de recherche et développement tout en intégrant les contraintes techniques et économiques imposées ;
- des designers capables d'interpréter les briefs des marques et de choisir tous les éléments du design (formes, couleurs, matières, ...) répondant à la stratégie produit.

Ainsi, le lancement d'un nouveau produit requiert une alchimie de compétences et l'entreprise ne peut se lancer dans un tel projet sans s'être assurée d'un marché potentiel et sans avoir vérifié la validité et l'efficacité du packaging de son projet.

Contexte d'élaboration d'un packaging

Qu'il s'agisse d'un emballage totalement innovant ou simplement amélioré, celui-ci doit être conçu en tenant compte de :

- la pression évidente des concurrents directs de l'entreprise mais aussi des distributeurs qui développent des marques propres de plus en plus qualitatives ;
- l'exigence croissante des consommateurs dont les attentes ne sont jamais totalement bien exprimées car il s'agit non seulement de satisfaire leurs besoins actuels mais aussi et surtout d'anticiper leurs besoins futurs ;
- l'évolution technologique des matériaux et des techniques d'emballages sans laquelle toute innovation packaging serait impossible.

Ainsi, l'élaboration d'un packaging est fondée sur des objectifs de lancement qui doivent répondre à des stratégies produits. Par exemple :

- *renforcer l'appartenance du produit* à une marque reconnue : Coca-Cola a ainsi lancé une boîte boisson et une bouteille PET dont les formes reprennent la fameuse bouteille Contour ;
- *différencier le produit des produits concurrents* par des formes ou des couleurs spécifiques : ainsi, pour débanaliser ses packagings des concurrents, Nescafé a lancé pour son café lyophilisé une gamme de pots aux formes originales ;
- *proposer des produits à vocation environnementale* ou répondre aux réglementations en vigueur. C'est le cas d'Évian qui a investi quelque 300 millions de francs et sept années de recherche pour lancer une bouteille PET à l'image totalement rénovée et offrant un « plus » : sa compactibilité. L'utilisation du PET a permis d'abaisser le poids de la bouteille à 36 grammes tout en renforçant la brillance et la transparence de la bouteille ;
- *simplifier l'utilisation des produits :* Candia a lancé la brique à ouverture et refermeture faciles. Esso a lancé un bidon d'huile de forme ergonomique avec visibilité du niveau d'huile résiduel ;

- *améliorer la sécurité d'utilisation des produits.* Ainsi, Diépal de Danone lance sous la marque Blédina un petit plat pour bébé incassable en polypropylène, qui concurrence les pots de verre traditionnels avec capsules métalliques ;
- *optimiser la conservation des produits.* Cebal a par exemple lancé le Précitube, premier tube à pompe Airless qui empêche l'oxydation des produits et réduit l'emploi de conservateurs. Grace Cryovac, Soplaril ont lancé des films barrière destinés aux aliments frais conditionnés sous atmosphère modifiée. La durée de vie des produits frais en linéaire est ainsi doublée, la logistique et le transport sont simplifiés et sécurisés pour le surcoût minime de ce type de film ;
- *réduire les coûts des emballages.* C'est ainsi par exemple que Colgate lance un tube de dentifrice en plastique multicouches se substituant au tube métalloplastique traditionnel. La structure non déformable du tube permet une présentation en linéaire sans étui carton ;
- *prévenir la contrefaçon.* Les grandes marques d'alcool adoptent en effet des systèmes interdisant le ré-emplissage de leurs bouteilles ou bien assurant leur traçabilité. Autre exemple : les parfumeurs dotent les étuis carton de leurs parfums de codes barre afin de permettre une authentification de leurs parfums dans le monde entier ;
- *répondre à l'évolution comportementale* et sociologique des consommateurs. Par exemple Yoplait a lancé sous la marque Ptits Filous un petit suisse à déguster sans cuiller, glacé ou non, afin de multiplier les occasions de consommation du petit suisse et cela, d'une manière pratique.

Le concept global de lancement d'un packaging

Le lancement et la mise en vente d'un produit font intervenir toutes les composantes liées au contenant, au contenu, aux technologies de fabrication, aux techniques de conditionnement et d'impression ainsi qu'à la communication et à l'offre consommateurs. De ce fait, l'emballage accompagne le produit de sa naissance à sa consommation ; il est présent à tous les niveaux. Le marketing-mix est l'optimisation de tous les éléments du concept global intégrant les aspirations des consommateurs. La création packaging rassemble tous les éléments validés concernant le couple produit/emballage :

- le *marché du produit.* Celui-ci sera-t-il international, national, régional, local ? Il est nécessaire d'en connaître toutes les particularités. Il existe de nombreux panels à utiliser mais sans avoir forcément recours à ceux-ci, il est toujours possible d'avoir une analyse même sommaire à partir de statistiques internes ou professionnelles ;
- la *concurrence.* Elle peut être également internationale, nationale, régionale ou locale. Aujourd'hui, il n'existe aucun produit qui n'ait pas de concurrents. Le packaging, tout en respectant les contraintes de contenance, est un moyen de communication sur le produit qui promet certains avantages aux consommateurs et le distingue de ses concurrents. De plus en plus de produits similaires étant apparus sur le marché, il est donc nécessaire pour les différencier de donner à chacun, à travers le packaging, une image de marque différente ;
- la *cible.* À qui le produit est-il destiné ? Le consommateur est-il l'utilisateur final ? Est-il l'acheteur ? Il est préférable de choisir une cible la moins large possible car chaque cible a son langage, ses attentes, ses contraintes. Plus la cible est large, moins le message aura de force vis-à-vis du consommateur visé.

☞ **Remarque**

Depuis la naissance des premiers packagings, l'on constate que ceux-ci évoluent au fil du temps, en fonction des phénomènes de mode ou bien même en créant la mode.

Les éléments de réflexion préalables au lancement

Avant d'étudier un packaging, qui sera selon le cas, plus ou moins coûteux, il convient de déterminer s'il est vraiment nécessaire et d'envisager le rapport de prix entre le packaging et le produit à emballer. Les ratios moyens entre les coûts emballage/conditionnement d'une part, et les coûts du produit fini sorti d'usine d'autre part, sont des indicateurs d'évaluation. On constate qu'en fonction des services rendus, le coût du packaging peut être élevé. Tout dépend du rôle et des enjeux de la création packaging[1].

1. Ces premières pages ont été écrites avec le concours de Catherine Morio, responsable packaging du groupement GALEC.

☞ **Remarque**

C'est au moment de la conception qu'il est nécessaire de prendre en compte tous les impératifs commerciaux, légaux, techniques, esthétiques et économiques pour réaliser un ensemble packaging réussi.

Ckeck-list des éléments à intégrer dans un packaging

Impératifs	Éléments/objectifs
Commerciaux	– Caractéristiques du produit : création d'un produit déjà existant. – Connaissance du marché et de la concurrence : français et/ou export. – Profil de la clientèle à toucher, mode de distribution, notoriété.
Légaux	– La marque : recherche d'antériorité et dépôt. – Respect du graphisme de la marque. – Les textes : mode d'emploi, ingrédients, date de consommation, mentions adresses, code préemballeur, etc. – La symbolisation code à barres : respect des couleurs pour contraste de lecture, positionnement, etc.
Techniques	– Choix du ou des matériaux. – Examen des formats standards (le « personnalisé » coûte cher). – Contraintes des outils de production du fabricant. – Exigences de manutention et de rangement.
Esthétiques	– Étude de la forme du packaging. – Étude des décors des divers packagings : unitaire, groupage, dont découleront le nombre de couleurs, les procédés d'impression. – Identification visuelle de la firme par le logotype de la marque et choix des couleurs de la gamme packaging.
Économiques	– Tous les paramètres étant respectés, il faudra viser le meilleur rapport qualité-prix par rapport à la valeur du produit, pour un prix de vente optimal.

Rôles du packaging

Du conditionnement à la consommation, le packaging doit être à la fois protecteur, informatif, vendeur, etc. Or, définir ce qu'est un packaging n'est pas chose aisée : la notion de packaging n'est pas la même selon qu'il s'agit d'emballer un produit durable, semi-durable, périssable de grande consommation, etc. Cela se complique si l'on considère l'aspect physico-chimique : solide, pâteux, liquide, agressif, gras, ...

Les packagings doivent être adaptés à chaque produit pour assurer leur protection contre les aléas internes et externes, leur conservation jusqu'à l'utilisation par le consommateur, leur maniabilité tant au niveau des manutentions que des transports et du stockage, leur bonne préhension et leur parfait usage pour le consommateur, leur conformité vis-à-vis des législations en vigueur.

Ils doivent intégrer des éléments disparates pour satisfaire tous les partenaires de la chaîne de distribution :

- le packaging unitaire dit primaire est conçu pour le linéaire du distributeur, pour l'acheteur et le consommateur final. Il assure la protection, la présentation, la conservation du produit pour sa durée de vie ;
- le packaging de groupage ou de vente est particulièrement adapté au distributeur et à la mise en place dans le linéaire car il regroupe un certain nombre de conditionnements primaires et forme une unité de vente dont la présentation, l'aspect publicitaire et le pouvoir vendeur sont améliorés ;
- le packaging de manutention ou de transport qui, par l'adjonction de systèmes de préhension, regroupe plusieurs packagings de vente et favorise la réduction du nombre de colis, la facilité de manutention pour le transporteur, parfois même la présentation directe en magasin (box-palettes).

Pour chaque produit, il n'y a pas un packaging mais plusieurs et dès le départ, il y a lieu de penser au produit et aux packagings successifs qui l'accompagneront et lui permettront d'arriver en parfait état à l'utilisateur final.

Les contraintes de notre époque

L'influence des grandes problématiques actuelles, consumérisme, énergie, économie de matière, pollution, recyclage des matériaux ou biodégradabilité, législation, sources d'approvisionnement, etc., fait que le packaging n'est plus l'accessoire dont on se préoccupe en dernier lieu.

Le packaging doit maintenant tenir compte des mutations sociales, économiques et culturelles de notre époque. De nouveaux matériaux, de nouvelles formes, d'autres couleurs s'imposent à notre regard, dans tous les domaines, à tel point que l'on parle de plus en plus d'esthétique industrielle. Il est difficile voire regrettable d'éluder ce point lors de la conception d'un packaging. La collaboration entre responsables de l'entreprise et spécialistes extérieurs est alors très fructueuse car ces derniers font en permanence de la recherche (matériaux, formes, couleurs, etc.). Pour ces professionnels, le conditionnement fait partie intégrante de la communication. Il parle, lui aussi, de l'entreprise.

Une nouvelle démarche packaging et quelques exemples

La création d'un packaging quel qu'il soit nécessite aujourd'hui la mise en œuvre d'une méthode permettant à la fois de recenser toutes les données du problème, d'apprécier chaque solution en fonction des exigences de ces données, et d'en évaluer les interactions. Cette méthode, c'est le concept global du packaging, venu des États-Unis et qui fait aujourd'hui son apparition en Europe, surtout dans les pays anglo-saxons, mais également en France.

Cette méthode fait essentiellement appel au bon sens mais exige aussi la connaissance de tous les éléments de base. Elle insiste beaucoup sur la nécessité de « remettre en cause » car, souvent, une légère modification peut avoir une influence bénéfique en rajeunissant un produit, en animant une gamme et en permettant de toucher d'autres groupes de consommateurs.

Les points-force de cette nouvelle démarche se retrouvent dans quelques produits de grande consommation.

- Un conditionnement doit s'adapter aux changements sociologiques. Exemples : les produits Yves Rocher, longtemps symbolisés par les couleurs verte et blanche, ont changé d'habillage pour suivre l'évolution en âge de leurs clients ; les thés Éléphant ont complètement modifié leurs décors et couleurs pour séduire une clientèle plus jeune.
- Le conditionnement doit exprimer la vérité Produit. Exemple : pour les « Liégeois » de Danone, le conditionnement met l'accent sur la spécification du produit avec une fenêtre sur le pot et sur les matières qui le composent (crème parfumée et crème fouettée).

- Le conditionnement doit permettre avant tout au produit d'être identifié. Même un rajeunissement de la marque ne doit pas égarer le consommateur. Exemple : le travail réalisé pour Orangina qui a adapté un conditionnement d'il y a 20 ans aux années 90.
- Le conditionnement doit respecter le code de la marque. Exemple : la modernisation de Lustucru qui, tout en gardant le sigle et le damier, a animé le conditionnement par des photos et des images.
- Le conditionnement peut combler une absence de publicité. Exemple : les conditionnements très originaux des aérosols Pur Odor (qui pastichent des titres de la presse française) ont eu une action extraordinaire sur les ventes.

Nous citons aux pages suivantes quelques extraits de *Le pack* de BSN Emballage, qui propose une analyse intéressante de la méthodologie packaging.

Fonctions du packaging

Le packaging doit, pour être réellement performant, remplir plusieurs fonctions indissociables les unes des autres. *Le pack* de BSN Emballage les définit et les présente comme suit.

7 fonctions : → 2 fonctions techniques
→ 5 fonctions marketing

➤ Fonctions techniques

1. Conservation : compatibilité contenant/contenu directement liée au packaging primaire, aspect de garantie alimentaire : choix des matériaux et de leurs spécificités.

2. Distribution : liée aux packagings secondaires et tertiaires, regroupement, transport, présentation sur les lieux de vente.

➤ Fonctions marketing

1. Alerte : attraction exercée sur le consommateur (couleurs, codes visuels, forme, matériaux, etc.).

2. Attribution : connotation immédiate à un univers de référence de produit. On parle de l'univers du produit (univers de la lessive, de la beauté et de l'univers de la marque comme Ajax, Lesieur, etc.).

3. Information : légale, informative, spécifique d'usage, etc.

4. Positionnement : expression du produit en relation avec sa qualité, son prix, sa cible, sa personnalité en induisant des perceptions psychologiques telles que sécurité, performance, etc.

5. Service : lié au stockage, transport, rangement, commodité d'utilisation.

L'Europe et le marché des packagings

L'Europe et l'évolution du packaging

Les progrès technologiques ont sur les packagings les conséquences principales suivantes :

- diminuer le coût des packagings ;
- mieux s'adapter à la durée de vie des produits ;
- mieux convenir aux consommateurs de par leur praticité (préhension, emploi fractionné, etc.) ;
- aller vers l'interchangeabilité des matériaux pour un même produit ;
- élargir le choix des matériaux sur tous les marchés avec possibilité de substitution et de coexistence de plusieurs matériaux sur un même marché.

L'interchangeabilité « tous matériaux, tous marchés » permet surtout d'utiliser le matériau comme un facteur d'innovation et de segmentation du marché.

La législation en matière de packaging sur le plan européen concerne trois aspects :

- la compatibilité contenant/contenu ;
- la standardisation des formats ;
- la protection de l'environnement (réduire le tonnage et/ou le volume du packaging jetable après usage, augmenter la quantité de packagings retournables et les recyclages).

Stratégies nationale, européenne, internationale

Le marché international du design a progressé ces dernières années de 30 % à 40 % par an en moyenne. Dans ce contexte, le marché européen représente un tiers du marché mondial, soit environ 4 milliards d'euros (25 milliards de francs). En l'an 2000, ce chiffre pourrait atteindre 4,5 milliards d'euros (30 milliards de francs). Le marché britannique, représentant 1,5 milliard d'euros (10 milliards de francs) et progressant de 20 % par an, est l'un des plus avancés du monde. Plus modeste et plus en retard, le marché français représente 400 millions d'euros (2,5 milliards de francs). Il est appelé à se développer considérablement dans les prochaines années.

On note l'émergence d'un design spécifiquement européen, caractérisé par un style nouveau. Face au design américain ou japonais, désormais reconnus, le design européen s'impose ainsi peu à peu comme une composante à prendre en compte au niveau international.

Le marché français comprend environ 50 agences de création spécialisées. Le marché du design étant relativement nouveau en France (environ 25 ans), la demande des industriels l'est aussi. C'est un marché très important et en plein développement, où chacun doit pouvoir trouver le partenaire idéal.

➤ Globalisation ou adaptation

Trois groupes de « pays » déterminent les règles relatives au packaging et à la consommation :

- l'Europe,
- le Japon,
- les États-Unis.

Les modes de vie de ces trois ensembles tendent à s'uniformiser. Cependant, l'exportation des habitudes de consommation nécessite parfois une redéfinition du packaging et parfois de la composition des produits.

La *globalisation* des packagings n'est pas toujours évidente. En effet, même si les Européens sont, depuis des siècles, proches géographiquement, leurs échanges n'ont pas gommé leurs spécificités. L'Europe est bien souvent décrite en deux parties :

- une Europe du Nord avec des individus introvertis (subissant un climat rigoureux, ils seraient plutôt de la classe « cocoon »),
- une Europe latine avec des populations plus extraverties.

La globalisation européenne consiste en un seul et même packaging, simplifié, facilement identifiable, comportant un nombre limité d'informations (afin d'éviter tout problème de langues), et un logotype dynamique, fidèle à l'histoire de la marque. Elle favorise une cohérence de l'image de marque et diminue les coûts de production. La différenciation par pays se fait par les éléments de communication périphériques : la publicité, la promotion...

☞ **Remarque**

Si la globalisation favorise la standardisation des produits, le danger réside dans la banalisation.

L'adaptation, à l'extrême inverse, prévoit un packaging, ainsi qu'un logotype différents. Elle favorise une communication produit plus ciblée et plus pertinente à l'égard des consommateurs. C'est la démarche la plus fine dans l'analyse mais également la plus difficile à gérer. Un coordinateur doit assurer la cohérence des diverses images véhiculées.

Une troisième solution, le *mix*, consiste à définir une structure graphique commune. Ensuite, selon les pays, le packaging est modelé sur cette structure globale en fonction des spécificités locales. Cette stratégie permet à la marque de capitaliser sur un code couleur ou un symbole.

➤ Stratégie packaging européenne

L'ouverture des frontières de l'Europe impose à la plupart des industriels une stratégie packaging européenne, avec les contraintes suivantes :

- un packaging en plusieurs langues, avec un visuel à travers lequel l'ensemble des Européens peuvent se reconnaître ou reconnaître leur mode de vie ;
- un packaging d'une contenance et d'un volume correspondant aux habitudes de consommation et de vie de chacun ;
- un packaging avec un positionnement et une fonction produit équivalents quel que soit le pays.

La cible étant subitement élargie, le message choisi pour intéresser tout le monde va perdre en efficacité. Il est donc nécessaire de le tester, afin de le mettre en harmonie.

La solution de facilité, qui consiste à réaliser un packaging indépendant en termes d'image et de segmentation pour chaque pays, est à éviter. Il est recommandé de créer une image commune, qui réalise la meilleure harmonie possible des sensibilités et des cultures propres à chaque pays.

La marque doit avoir une résonance positive dans chaque pays, et plus difficile encore, être *déposable* dans chacun des pays européens.

Les textes informatifs figurant sur le produit doivent obligatoirement être traduits dans la langue du pays de distribution et doublés en anglais pour tous les pays. Un maximum de deux langues par packaging est conseillé, afin de ne pas détruire l'image visuelle du produit par une surcharge d'informations. Il est possible dans certains cas de prévoir un double facing qui, à partir de la même image, présentera sur chaque face le texte dans une langue différente.

Il est possible de prévoir exceptionnellement deux langues par face. Cette dernière solution n'est à retenir qu'en cas d'impératifs budgétaires visant à imprimer le minimum de packagings différents.

Dans les cas où le packaging supporte plus de deux langues, il ne sera alors plus possible d'envisager une signature packaging ou une promesse produit car celle-ci, traduite en plusieurs langues, l'encombrerait plutôt que de renforcer son impact. La solution idéale consisterait à remplacer l'ensemble des textes par des images (style pictogrammes). Ceci s'avère être un exercice de style difficile et rarement réalisable pour l'ensemble des textes. L'exploration de cette possibilité implique de tester la compréhension des différents pictogrammes auprès des futurs consommateurs.

La législation de chacun des pays doit bien sûr avoir été prise en considération ; les différentes ambassades présentes en France possèdent les textes se rapportant aux catégories de produits.

Une stratégie de packaging internationale sera construite sur les mêmes règles que pour l'Europe.

Incidences de l'euro sur les stratégies packaging

L'arrivée de l'euro permet de s'interroger sur l'interférence du prix dans la découverte et le choix du produit par le consommateur en linéaire.

La chronologie de découverte du produit place l'intérêt du consommateur pour le prix tout à la fin du processus, après la perception de la couleur, de la forme, de la marque.

C'est donc seulement face au produit que le consommateur s'intéresse au prix et sa réflexion se déroule alors en quatre étapes :

1. le prix induit par le packaging (« semble cher ou pas cher ») ;
2. le prix psychologique, l'idée que l'on se fait du coût du produit dans l'absolu ;
3. le prix réel par rapport à ce que l'on est prêt à dépenser ;
4. le prix affiché en comparaison aux produits identiques présents sur le linéaire.

➤ Le prix psychologique

L'arrivée de l'euro posera une difficulté essentiellement pour les étapes 2 et 3 qui obligera le consommateur, dans un premier temps à convertir et, dans un deuxième temps à apprendre à penser et à compter en euro.

Il sera difficile d'apprécier le prix en euro mais, en revanche, la comparaison de prix entre les produits ne présentera pas de difficultés particulières sous réserve qu'on oublie la virgule. En effet, la perception de la différence de prix entre les produits se fera sur les deux dernières décimales.

Le prix dans le processus de découverte du produit arrive à la fin du processus d'achat et l'arrivée de l'euro ne modifiera pratiquement pas la chronologie de découverte du produit, ni le contexte magasin pour les produits de consommation courante.

☞ **Remarque**

Le double affichage conduit les consommateurs à lire le prix en francs ; tant que ce double affichage sera maintenu, l'apprentissage ne se fera pas.

➤ Les promotions

Le principal problème du prix en euro concernera les produits en promotion qui, sortis du contexte linéaire, ne permettront plus d'apprécier l'intérêt de l'offre sauf en faisant la conversion, ce qui ne sera plus possible pour les magasins après six mois. Le prix en euro posera plus de difficultés aux hard-discounters qui ont construit toute leur stratégie sur la comparaison des prix.

Tout le monde s'accorde à penser que l'arrivée de l'euro va coûter très cher aux enseignes de distribution et aux industriels, et que par ailleurs une baisse de la consommation est à craindre. Il se peut, au contraire, que l'arrivée de l'euro, de par une unité de valeur inférieure (exemple un camembert à 9,15 francs vaudra 1,40 euro), accélère la consommation pendant les premiers mois et de ce fait accélère l'activité économique.

Une baisse de la consommation reste possible après quelques mois mais, du fait de la relance économique des premiers mois, cela ne devrait pas avoir de grandes conséquences.

➤ L'euro découverte

Avec l'arrivée de l'euro, chaque Européen va découvrir de nombreux produits. L'assortiment dans les magasins va encore grossir et le choix du consommateur dans un contexte magasin va devenir plus compliqué, plus difficile et prendra plus de temps. La performance du packaging et de la marque, dans ce contexte, devra être encore plus grande.

• *Renforcement des « plus-produits » en facing*

La mise en avant d'avantages compétitifs devra être mieux prise en compte par les industriels et s'exprimer clairement en magasin. L'augmentation de l'offre en nombre de références et la problématique de l'euro vont faire naître, sur les facings des emballages, de véritables accroches publicitaires qui justifieront la différence entre les produits et qui aideront le consommateur à faire son choix au-delà du prix.

• *La marque*

La marque, quand elle est légitime, est indispensable dans l'assortiment des distributeurs. Elle génère le trafic et 30 % des consommateurs changent de magasin s'ils ne trouvent pas leurs marques préférées. L'arrivée de l'euro va favoriser la renaissance des marques et pourra être fatale aux marques faibles.

➤ L'impact de l'euro

En conséquence, l'euro aura cinq incidences réelles sur les packagings :

- le renforcement de la marque ;
- la mise en place d'une stratégie de création packaging encore plus personnalisée ;
- l'obligation d'une véritable stratégie européenne pour les marques et leur packaging ;
- la mise en avant de plus-produits ;
- l'adaptation des contenances aux prix psychologique en euros.

CHAPITRE 2

Les forces en présence

L'approche des industriels

LE PACKAGING a longtemps été pour les industriels un simple moyen de différenciation de leurs produits par rapport à ceux de leurs concurrents. Il est devenu aujourd'hui un véritable support de communication et son efficacité est d'autant plus nécessaire que l'environnement concurrentiel devient à la fois plus dense et plus créatif.

Le packaging permet de faire la liaison entre la communication globale qui amène le produit au consommateur et celle qui amène le consommateur au produit. Toute campagne de publicité est aujourd'hui signée par le packaging du produit, symbole de reconnaissance pour la marque.

De plus, le dynamisme des distributeurs concernant leurs produits à marque incite les industriels à se surpasser en matière de réalisation packaging. En effet, les packagings des produits à marque distributeur sont aujourd'hui de plus en plus sophistiqués sur le plan graphique, tout en s'intégrant de mieux en mieux dans l'univers des marques. On remarque qu'ils deviennent de plus en plus nombreux et qualitatifs avec des images souvent positionnées haut de gamme et des prix de vente consommateurs comparables à ceux des marques.

Ces packagings à marque distributeur permettent d'obtenir des progressions de volumes de ventes assez considérables, tout à fait imputables au packaging lui-même, car aucune communication n'est établie autour des produits par la plupart des distributeurs. Ces résultats ont ainsi levé les doutes des industriels sur la rentabilité d'un investissement packaging et les grands groupes industriels ont compris l'enjeu d'un bon packaging pour leurs résultats commerciaux. De plus en plus de PME/PMI sont sensibilisées à son importance même si dans certains cas le frein des a priori sur le coût ou la complexité du changement reste encore présent.

Votre direction générale est-elle suffisamment consciente de l'enjeu marketing que représente la bonne réalisation d'un packaging ?
oui : 93,8 % non : 6,2 %

De nombreux projets packagings n'aboutissent jamais, car en effet il y a toujours de bonnes raisons de ne pas entreprendre certaines études et réalisations comportant des risques. La capacité des entreprises à prendre ces risques est sûrement la valeur la plus précieuse, en packaging comme ailleurs ; elle s'est souvent illustrée par le succès : « Les authentiques » de Miko, avec un bac de couleur noire, les produits au bifidus dans des packagings bleus, etc.

Combien de packagings pouvant laisser présager des résultats et un positionnement produit remarquables ont été corrigés et modifiés, afin d'obtenir un résultat d'image qui n'est qu'un compromis des impératifs et exigences de chacun.

Il est souhaitable pour les industriels de ne pas présenter de projets en matière de packaging aux distributeurs dans le but d'obtenir leur avis ; en effet, si ceux-ci ne formulent pas à son égard des remarques positives, et si vous décidez de ne pas en tenir compte, parce qu'elles ne se recoupent pas avec d'autres, il vous sera encore plus difficile de leur « imposer » par la suite le référencement de votre produit.

Vos clients distributeurs se sentent-ils d'après vous concernés par vos préoccupations en matière de packaging ?	
oui : 62,5 %	non : 31,3 %
ne se prononcent pas : 3,1 %	parfois : 3,1 %

L'approche des distributeurs

Plus de produits premier prix, de plus en plus de produits à marque distributeur ou marques diverses ; les packagings des leaders sont de moins en moins copiés au profit des créations originales, qui s'intègrent malgré tout dans l'univers du rayon.

Deux politiques packaging sont possibles :

- créer une marque propre au distributeur,
- créer une marque propre à chaque produit,

ainsi que plusieurs options créatives :

- choisir une stratégie packaging de suiveur,
- posséder un concept packaging propre à la marque ou au produit.

Dans leurs efforts pour séduire les consommateurs, les distributeurs deviennent des concurrents importants des marques.

La distribution par l'essor des magasins libre-service dans la période des années 1970 à 1980 a largement contribué au développement des packagings. Le packaging devenu le packaging vendeur a pris toute sa dimension. Aujourd'hui, c'est le qualitatif qui prime sur le quantitatif de la précédente décennie : performances logistiques, marketing, innovation, protection de l'environnement. Pour atteindre les résultats escomptés, un outil remarquable a fait son apparition : le PDP (profit direct par produit).

Le PDP peut être défini comme la mesure la plus précise de la rentabilité. En effet, cette mesure intègre tous les composants du prix d'achat (ristourne, marge, remise sur facture, etc.), tous les coûts supportés pour traiter un article depuis sa réception (entrepôt, magasin, ...) jusqu'à sa sortie. Le PDP permet de :

- déterminer correctement les prix de vente,
- mieux identifier les articles,
- évaluer la variété des produits en comparant les performances des articles voisins et en mettant en évidence les cas où la profondeur de l'assortiment est valable ou pas,
- déterminer ou réajuster le linéaire de chaque famille avec plus de chances de profit que sur la marge brute,
- déterminer des actions spécifiques permettant d'améliorer le profit global sur de bons produits et de diminuer les pertes sur les moins bons.

Les distributeurs, à la sortie d'un nouveau produit, se trouvent confrontés à un problème de stratégie, car selon leur politique de vente, ils distribuent les produits de marque fabricant ou bien leurs marques distributeur ou encore un mix des deux.

Si l'enseigne distribue sa propre marque distributeur en concurrence avec des marques fabricant, selon la montée en charge des produits, le distributeur créera son produit, son packaging comme sa marque, en ayant soin, dans la plupart des cas, de se situer dans le même univers que les produits leaders, tout en recherchant un produit de qualité équivalente, avec si possible, un « plus » produit (ouverture facile, poignée de transport, etc.), et ce, à moindre coût.

En effet, il aura à compenser un différentiel d'image par rapport à un produit étalon connu et reconnu du fait de sa médiatisation au travers de sa communication. Le distributeur orientera alors son merchandising en recherchant le juste équilibre pour faire cohabiter les deux packagings, étant entendu que les parts de marché conquises par son produit à marque distributeur lui permettent de dégager un profit souvent supérieur, d'où l'importance de la place en linéaire qu'il lui accorde.

Le service après-vente

Le fait pour l'agence de création de se poser les questions suivantes :

- le produit a-t-il été compris par ses destinataires ?
- le message à transmettre est-il parvenu ?
- les objectifs commerciaux sont-ils remplis ?
- etc.,

est pour elle le moyen idéal de comprendre toutes les attentes concernant les travaux futurs et doit lui permettre d'en tirer des enseignements personnels sur la façon de travailler avec l'entreprise et sur sa propre organisation interne.

☞ **Conseil**

Ce constat ne doit pas se faire uniquement sur des travaux ayant présenté des difficultés. En effet, il est intéressant d'analyser d'une part les causes d'un problème pour pouvoir l'éviter dans l'avenir et les causes des succès d'autre part pour pouvoir et savoir les reproduire.

Lorsqu'il s'agit notamment de retirages packagings avec quelques modifications éventuelles, une marque d'intérêt, même si elle s'apparente à une action commerciale et sauf dans le cas où elle ne serait que superficielle, est le meilleur service après-vente que puissent assurer les professionnels du packaging.

Les consommateurs face au packaging

Le packaging permet à un produit de se distinguer de la concurrence en linéaire. Premier vecteur d'image de ce produit, il doit :

- exprimer la valeur du contenu,
- donner des informations relatives à sa qualité,
- véhiculer des images et des émotions.

Or, *huit produits sur dix sont des échecs*. Ce chiffre impressionnant est souvent dû à une stratégie packaging mal élaborée ou qui n'a pas su prendre en compte les attentes du consommateur devenu plus exigeant. En effet, 40 % des industriels ne connaissent pas le comportement des consommateurs.

Le comportement du consommateur en linéaire

Le packaging est à concevoir comme un couple « produit-packaging », qui tienne compte des attentes du consommateur et de son comportement d'achat. Il peut être modifié pour suivre l'évolution du mode de consommation. En effet, indépendamment de leurs attentes, les utilisateurs ont des habitudes de vie spécifiques.

Connaissez-vous le comportement global des consommateurs face à un nouveau packaging ?

oui : 61 % non : 31,2 %

ne se prononcent pas : 7,8 %

Avant toute réalisation packaging, demandez-vous l'avis du consommateur sur ses attentes en la matière ?

oui : 57,8 % non : 34,3 %

parfois : 7,8 %

Connaître les comportements des consommateurs, c'est aussi élargir la vision stéréotypée de la ménagère. Aujourd'hui, les enfants et les hommes jouent un rôle à part entière dans l'acte d'achat :

- 40 % des acheteurs sont des hommes,
- 60 % des achats du ménage sont prescrits par les enfants.

Il convient de dissocier le prescripteur du décisionnaire et de l'acheteur. Par exemple, pour un yaourt destiné à un enfant, le packaging sera ludique mais tout en rassurant le père ou la mère qui effectue l'acte d'achat. Il apparaît ici clairement que les deux cibles doivent être prises en compte.

Par ailleurs, 25 % des consommateurs achètent des produits à marque distributeur qui offrent aux consommateurs un bénéfice produit fort : le prix.

Aujourd'hui, un hypermarché contient en moyenne 35 000 références. Avec l'ouverture des frontières, la concurrence s'accroît, le produit doit se défendre seul, et les responsables marketing réalisent à quel point le packaging joue un rôle indispensable dans la vente de leurs produits en libre-service. En effet, il est rare qu'un consommateur fasse deux tours dans l'hypermarché. Aussi, le produit doit interpeller le consommateur dès le premier regard :

- un consommateur perçoit 5 000 références seulement en 20 minutes, soit 250 produits à la minute ;
- 50 produits termineront dans le caddie ;
- le temps de décision peut varier de 8 secondes à 8 minutes selon le type de produit ;
- le temps moyen pour un achat alimentaire est de 30 secondes ;
- le consommateur se déplace à la vitesse de 1 mètre par seconde ;
- à cette vitesse, seul un facing de 30 centimètres minimum permet de visualiser le produit.

En conséquence, les annonceurs mènent une véritable bataille au référencement. On a pu observer une augmentation phénoménale de marques référencées :

- 40 000 nouvelles marques déposées en 1984,
- 83 000 en 1998.

Aussi, seul le packaging peut faire la différence, ce qui signifie un minimum d'espace « vital » requis en linéaire. En-deça d'une certaine dimension, même le packaging le plus performant verrait ses capacités amoindries, et ses concurrents bénéficier d'un meilleur impact.

Un assortiment étroit donne au consommateur l'impression d'un choix plus large. Il est en effet préférable de posséder un facing important, avec peu de références. Par exemple, Leclerc référence beaucoup de marques en linéaire, tandis que Carrefour en propose moins. Pourtant, les consommateurs interrogés pensent que Carrefour offre plus de choix.

☞ **Remarque**

30 % des consommateurs changent de magasin s'ils ne trouvent pas leurs marques préférées.

La fidélité du consommateur à un produit est évidemment la meilleure des reconnaissances. Mais elle implique une bonne gestion des stocks en magasin. Une rupture de stock peut être lourde de conséquence.

Les mécanismes de lecture d'un emballage

Un produit dans la main est acheté dans 80 % des cas : le consommateur le repose rarement. Or, la perception est différente suivant la distance.

➤ À 10 mètres

Dans un magasin, à 10 mètres d'un linéaire, la couleur est le premier élément visualisé par le consommateur. C'est la vision de « l'habillage » du produit. De nombreuses études psychologiques ont démontré l'influence de la couleur sur les comportement humains et la symbolique qui leur est associée. Par exemple, dans le domaine des yaourts :

- bleu = fraîcheur,
- vert = nature,
- blanc = pureté.

La couleur permet d'identifier une marque en lui conférant une personnalité unique. Dans le domaine des glaces, Miko a cassé les codes habituels, abandonnant le blanc pour le noir. Ce fut une grande réussite pour la marque. Cependant, c'est toujours avec prudence qu'il faut envisager la rupture de codes car le consommateur n'aime pas le changement. Cette transgression doit se faire sans perdre de vue la reconnaissance, la valorisation et la caution.

La couleur permet de clarifier l'offre. Au sein d'une gamme, elle peut représenter l'unique élément segmentant qui permettra de faciliter le choix du consommateur.

➤ À 4 mètres

À 4 mètres des produits, c'est la forme, aussi importante que la couleur, qui est vue. Signe de reconnaissance vers le consommateur, elle lui permet d'insérer le produit au sein d'un univers de référence.

La forme des packagings répond à divers objectifs ; elle est utile (protection, praticité, préhension...), surprenante (fonction d'attraction des consommateurs), esthétique ou innovatrice. Elle peut permettre à elle seule l'identification de la marque.

La forme facilite l'identification d'un type de produit. D'après le volume, la forme, le consommateur peut reconnaître instantanément à quelle famille appartient le produit :

- brique pour les jus de fruit et le lait,
- pots en plastique pour les yaourts,
- conserves pour les aliments apertisés...

➤ À 1 mètre

À 1 mètre seulement des produits, c'est la marque qui est vue. Or celle-ci possède une double fonction : elle permet la reconnaissance du produit et véhicule des messages. Le nom de la marque et son graphisme offrent la possibilité d'associer au produit une personnalité unique, une valeur ajoutée. Apposée en appel, la marque facilite l'identification du produit et développe sa notoriété. En signature, elle cautionne la promesse et véhicule le degré de qualité du produit.

Les caractères des lettres utilisées, ainsi que leur corps, sont d'une importance prédominante pour les logotypes et pour la clarté des informations présentes sur le packaging. La typographie, en exprimant une personnalité, traduit le caractère de la marque et du produit.

➤ Dans la main

Dans la main, la relation entre le produit et le consommateur change. Le produit, touché et vu de près par le consommateur, acquiert une nouvelle dimension. Les détails (gaufrage, typographie détourée, matière...) apparaissent distinctement, favorisant un fort enrichissement de l'image. L'illustration accroche et doit provoquer le désir (un plat cuisiné doit faire saliver, un produit extra-frais doit perler de rosée...).

La *matière première* du packaging révèle, elle aussi, la personnalité du produit. Un plastique transparent laisse voir le produit et permet ainsi au consommateur de juger par lui-même de sa qualité.

Ainsi, un papier recyclé positionne immédiatement le produit dans un environnement écologique. Un gaufrage ou un carton avec relief exprime fortement la qualité du produit en le positionnant dans un pôle haut de gamme.

La *gestuelle* est une caractéristique fondamentale que l'on oublie trop souvent. En ouvrant les yeux fermés une bouteille de whisky, de scotch ou de bourbon, on reconnaît immédiatement le produit au geste nécessaire à l'ouverture.

Les exigences des consommateurs

Indépendamment de leurs attentes, les utilisateurs ont des habitudes de vie qui sont des points sensibles à prendre en compte. Leur comportement est influencé par les évolutions sociales et les modes de vie :

- structure de la famille : couple, mono-ménage, avec ou sans enfant, etc. ;
- mentalités évoluant vers des activités sportives, intellectuelles, loisirs, jeux, etc., une importance moindre étant donnée à l'alimentation ;
- autonomie de plus en plus grande au sein de la famille ; la déstructuration de la cellule familiale a pour incidence le décalage des heures de repas entre ses différents membres, qui souhaitent de plus en plus de portions individuelles et des nourritures faciles à préparer, même prêtes à consommer ;
- demande accentuée de produits frais avec des dates limite de vente de 15 à 20 jours mais pouvant aller jusqu'à 6 mois ;
- recherche par le consommateur de produits bien équilibrés avec des informations claires, en particulier sur l'utilisation, le mode de préparation et la limite de consommation ;
- de plus en plus, les femmes travaillent et emploient de moins en moins de gens de maison ;
- 40 % des acheteurs en grandes surfaces sont des hommes qui ne voudront pas passer plus de 20 à 30 minutes dans un magasin pour s'approvisionner ;

- entre 6 et 15 ans, les enfants préparent leurs repas eux-mêmes, ce qui implique des informations renforcées et des produits dits de sécurité.

Ainsi de nouvelles habitudes de se nourrir se développent :

- le *gresing* (picorer) ;
- le snack-food (restauration sur le pouce) ;
- la nourriture dans la voiture ;
- la nourriture facile (consommation dans le packaging) ;
- la nourriture prête à consommer ;
- la nourriture dite « ouvrir, tordre, presser, verser » de packaging souple du type sauces, ketchup, mayonnaise, etc.

Tous ces éléments impliquent un fort impact des packagings pour :

- une reconnaissance rapide ;
- le souci de l'hygiène et de la sécurité (packagings aseptiques, inviolables, avec témoin de respect de la chaîne du froid, par indicateurs coloriels par exemple, bouchage de sécurité pour enfants) ;
- la préoccupation écologique (exemple : aérosols).

Le tableau ci-dessous résume les principaux reproches des consommateurs. 2 % seulement des consommateurs mécontents se plaignent, et 30 % ne renouvellent pas leur acte d'achat.

Plaintes des consommateurs sur les packagings

27 %	Packaging difficile à ouvrir.
24 %	Manque de sécurité du conditionnement au niveau physique et du point de vue santé (problème de migration des plastiques notamment). De ce fait, besoin de sécuriser par marchés-tests.
21 %	Packaging non à l'abri de l'effraction d'où souhait d'indicateur d'inviolabilité.
20 %	Durée de conservation trop longue.
14 %	Packaging non recyclable ou non biodégradable.
13 %	Packaging insuffisamment rempli (tromperie).
11 %	Packaging physiquement abîmé (choc ou insuffisamment protégé), ce qui note un souci de la présentation des produits.

Source : Pierre J. Louis, International Packaging Club.

La réaction des Américains, qui ont un sens très ouvert du dialogue, a provoqué la généralisation d'un numéro vert (ou n° Azur) pour le packaging, afin de mieux cerner les réclamations des consommateurs et surtout de mieux connaître leurs préoccupations :

- assurance de sécurité ;
- indicateurs d'inviolabilité et de maintien de la chaîne de froid ;
- informations claires sur les produits, notamment l'utilisation, la température de chauffe, etc. ;
- indication du réchauffage dans les deux types de four : traditionnel et micro-ondes (230 °C, ce qui implique des packagings appropriés, surtout en polyester cristal résistant à haute température).

Mais tous les consommateurs réclament :

- des graphismes simples : logos, pictogrammes, c'est l'identification visuelle qui prime sur la lecture de textes ;
- des produits « convenience » : variété des formats, facilité d'usage, de consommation, de transport, de rangement, etc. ;
- des informations claires surtout bien en évidence pour les dates limites d'utilisation optimale ;
- des lieux de ventes organisés par segmentation pour un même produit par exemple :
  - secteur des produits « parts individuelles »,
  - secteur des produits « tout pour micro-ondes »,
  - secteur des produits « enfants »,
  - secteur des produits « personnes âgées », etc.

Les comportements des consommateurs face à un nouveau packaging

Faute de temps, le consommateur achète plus par réflexe visuel que par analyse détaillée de l'image que vous allez lui présenter. Toutefois si votre produit répond réellement à un besoin ou à un positionnement original, il retiendra sûrement son attention.

Comme pour toute nouveauté, attendez-vous à une période de découverte en magasin, car en effet l'image familière d'un produit ne peut que favoriser ses ventes. De ce fait, il sera dangereux, en cas de lifting ou modification de packaging de produits existants, de modifier de façon perturbante cette image visuelle.

Les tendances de consommation

Le consommateur des années 90, mature et avisé, rationalise ses achats en recherchant le produit qui offre le meilleur rapport qualité/prix, dans tous les circuits de distribution.

Plus question de se voir imposer un point de vue ; 94 % refusent les diktats. Si le discours de « l'anti-mode » a tendance à se généraliser, le consommateur attend malgré tout des repères et des conseils.

54 % des Français plébiscitent l'innovation qui leur permet d'affirmer leur différence et surtout de justifier leur choix. Toutefois, ils restent attachés à la valeur de la marque dans la mesure où celle-ci est légitimée et justifie le différentiel de prix.

➤ La segmentation du désir de consommation

• *La vie authentique*

86,1 % des Français ont un goût prononcé pour le naturel et l'authentique. Les origines des produits, la sobriété, l'aspect naturel sont autant de points fondamentaux dans leurs choix actuels. Ceci s'explique en partie par l'environnement économique instable qui caractérise notre société. Pour contrebalancer ce climat d'incertitudes, le consommateur marque son attachement à des valeurs traditionnelles et sécurisantes.

• *La vie verte*

La tendance verte concerne 78,3 % des Français. Les consommateurs pensent qu'il est nécessaire de protéger la nature et 89 % d'entre eux affirment que c'est à l'entreprise marchande de prendre des initiatives dans ce domaine. Ils sont prêts à acheter écologique dans la mesure où ils ne paient pas plus cher.

> ☞ Remarque
>
> **Authentique et naturel ne signifie pas basique. En effet, le packaging simplifié à l'extrême n'intéresse que 26 % des Français.**

Les Français attendent des produits qu'ils reflètent un mode de vie sain et équilibré et qu'ils leur permettent de s'épanouir à travers leur consommation quotidienne.

• *La vie pratique et rapide*

De nouveaux styles et schémas de pensée se développent. On pressent la naissance d'un Français picoreur, d'un consommateur qui a moins de besoins puisqu'il a déjà l'essentiel, et moins d'envies, son désir s'étant émoussé sous les sollicitations multiples et agressives.

Cette évolution s'accompagne d'un désir de consommer mieux. Transformé, le Français sait chercher et attendre pour profiter du meilleur moment : il achète « juste », en quantité « juste ». Zappant d'une marque à l'autre, d'une enseigne à l'autre, d'un système de vente à l'autre, il grignote et devient difficile à fidéliser. Les nouveaux systèmes d'ouverture, les emballages dans lesquels on consomme directement, la préhension…, sont des atouts qui facilitent la vie et séduisent le consommateur.

• *L'achat plaisir*

L'achat d'impulsion existe toujours, tout en restant plus fréquent chez les 15/24 ans, les femmes actives et les foyers bi-actifs. Il se réalise le plus souvent dans le cadre d'un budget prédéfini.

Pour les autres catégories de consommateurs, l'achat impulsif, plus rare, résulte d'une frustration prolongée dans le domaine de la consommation quotidienne. À force de privation, on finit par « craquer ».

• *L'achat découverte*

La consommation ludique (pour le « fun », le plaisir instantané) et la consommation boulimique de nouveautés ne sont plus à l'ordre du jour. Seuls les 15/24 ans adoptent occasionnellement ce comportement.

➤ La segmentation des types d'achat

On peut regrouper les acheteurs en trois familles :

- l'*acheteur impliqué* attache de l'importance à l'acte d'achat, au produit et au point de vente ;
- l'*acheteur indifférent* considère l'acte d'achat comme une simple nécessité, voire comme une corvée. Seul l'aspect « facilité » est important à ses yeux ;
- l'acheteur *économique* est surtout sensible au prix et à la politique promotionnelle du magasin ;

et les achats en trois catégories :

- l'achat *planifié* concerne généralement les biens spécifiques (équipement, habillement...) et les produits de première nécessité (alimentation, entretien, hygiène...) ;
- l'achat *d'impulsion* est provoqué par une perception, une émotion ou une utilité qui déclenche l'envie de posséder immédiatement le produit ;
- l'achat *immédiat* :
  - concerne les produits dont l'achat est prévu à terme et qui sont achetés sous le feu d'une promotion ou d'une baisse des prix,
  - est provoqué par le souvenir de la satisfaction antérieurement éprouvée lors de l'expérience précédente.

☞ **Remarque**

Bien sûr, un consommateur peut être impliqué dans une certaine catégorie de produits et devenir indifférent dans une autre catégorie.

Packaging et motivation d'achat

La motivation d'achat des consommateurs passe par le packaging et ses signes de communication, car ce sont ces éléments qui vendent le produit. Or, ils touchent directement l'intimité, le psychique du consommateur et le produit se situe alors par rapport :

- au lieu de vente : qualité, confiance, sécurité, protection, par rapport à l'intrusion possible d'autres clients (inviolabilité) ;
- au moment de sa consommation :
  - individuelle : démarche solitaire, produit acheté pour soi ;
  - en groupe : valeur esthétique (faire plaisir aux autres) ;
  - dans le packaging : pratique et intime ;
  - sans packaging : réduit au fonctionnel ;
  - avec le packaging : celui-ci est présent au moment de la consommation, il se doit d'avoir une connotation affective.

Il faut donc affirmer que le produit ne vit que par le packaging et que seul le packaging permet de créer une dynamique de marché.

➤ L'influence de la marque

La marque demeure une valeur fortement établie pour toutes les catégories de cibles, à la fois référence et caution de qualité. Pour les 15/24 ans, elle est essentielle puisqu'elle est synonyme d'appartenance à un groupe social. Son discours doit aujourd'hui devenir plus concret, moins symbolique. La marque doit justifier sa valeur ajoutée de façon claire et répondre au besoin de repérage du consommateur.

☞ **Remarque**

Le consommateur affirme être fidèle à une marque à partir du moment où il en est satisfait. On remarque toutefois que les femmes sont plus fidèles aux marques que les hommes.

Les deux règles fondamentales

La règle des 4 S

Santé (sveltesse, ligne)
Sécurité (souci d'hygiène et de sécurité)
Service (praticité d'usage)
Saveur (monde du sens gustatif à retrouver)

La règle des 4 C

Conservation (impeccable)
Commodité (totale)
Communication (attractive)
Coût (modique)

CHAPITRE 3

Le packaging et ses fonctions

Un packaging performant remplit sept fonctions différentes, résumées dans le tableau ci-dessous.

Les fonctions d'un packaging performant

Fonctions techniques	Conservation	Compatibilité contenant/contenu directement liée au packaging primaire, aspect de garantie alimentaire : choix des matériaux et de leurs spécificités.
	Distribution	Liée aux packagings secondaires et tertiaires, regroupement, transport, présentation sur les lieux de vente.
Fonctions marketing	Alerte	Attraction exercée sur le consommateur (couleurs, codes visuels, formes, matériaux, etc.).
	Attribution	Connotation immédiate à un univers de référence de produit. On parle de l'univers du produit (univers de la lessive, de la beauté et de l'univers de la marque comme Ajax, Lesieur, etc.).
	Information	Légale, informative, spécifique d'usage, etc.
	Positionnement	Expression du produit en relation avec sa qualité, son prix, sa cible, sa personnalité en induisant des perceptions psychologiques telles que sécurité, performance, etc.
	Service	Lié au stockage, transport, rangement, commodité d'utilisation.

Source : Le Pack, BSN Emballage.

Packaging et merchandising

Bâtissez-vous à chaque nouveau packaging une stratégie merchandising ?	
Avant la réalisation packaging :	26,9 %
Pendant la réalisation packaging :	26,0 %
Après la réalisation packaging :	23,7 %
Ne se prononcent pas :	23,4 %

Le packaging, premier contact entre le consommateur et le produit, constitue l'un des éléments les plus importants du merchandising. Il permet au produit de se positionner par rapport à sa concurrence sur les linéaires ; il exprime la valeur du contenu et positionne la qualité.

Il est le premier véhicule d'image pour le produit : sur le linéaire, il doit donner des informations sur la qualité du produit et transmettre des images et des émotions. Le rôle du packaging dans le merchandising est fondamental, car il oblige à atteindre un niveau de qualité de plus en plus élevé pour mieux se différencier de ses concurrents. Pour qu'un produit puisse se défendre seul sur un linéaire, il lui faut faire la différence afin de susciter les réflexes d'achat, le moyen le plus sûr pour assurer cette différence étant le packaging.

Le merchandising intègre l'ensemble des techniques d'optimisation de l'espace de vente, notamment la conception de magasins, l'implantation de linéaires, la définition de gammes, la mesure de performance-rayon, la communication de rayons (PLV, opérations de promotion…) ; il vise à favoriser sur le lieu de vente la rencontre du produit et du consommateur.

Il est étrange de remarquer que près de 35 % des industriels pensent que les avantages de leur produit ne sont pas mis en valeur correctement, alors que cela représente la base essentielle d'un packaging :

- 69 % des packagings sont remarqués en linéaire,
- 67 % donnent envie d'acheter le produit,
- 39 % présentent les avantages concurrentiels du produit,
- 58 % cautionnent la confiance sur la marque.

Le « plus-produit » est l'avantage que possède le consommateur à consommer un produit plutôt que celui du concurrent.

L'avantage direct ou indirect que va procurer ce produit à l'utilisateur est essentiel pour justifier l'acte d'achat et pour marquer la différence ; le packaging doit le mentionner de la façon la plus percutante possible.

Il semble facile de définir ce plus-produit mais, attention, le plus convaincant n'est pas forcément le plus évident. En effet, argumenter sur une qualité qui ne répond pas précisément à l'attente des consommateurs ne présente aucun intérêt. Il faut donc avoir à l'esprit la question suivante : quelle promesse la marque offre-t-elle au consommateur ?

Par ailleurs, les faiblesses du packaging profitent-elles aux concurrents ?

- oui : 48,4 %,
- non : 29,6 %.

Toute l'importance du packaging prend ici sa force. En communication globale, une publicité mauvaise ne favorise pas directement les concurrents. Sur le linéaire, le consommateur qui n'est pas séduit achètera un autre produit.

Cibler les packagings

Il est nécessaire de déterminer le cœur de cible du produit et donc du packaging. Ainsi le message sera perçu, compris et mémorisé plus facilement.

La cible identifiée, il est nécessaire de la connaître en profondeur car le packaging est synonyme d'une appartenance à un groupe social.

> ☞ **Remarque**
>
> **Le packaging véhicule les promotions. L'insertion en facing doit respecter l'identité du produit tout en accélérant la rencontre avec le consommateur.**

Il ne suffit pas de traduire graphiquement la promesse du produit. Il faut aussi savoir :

- *organiser* et hiérarchiser les informations : la marque est-elle apposée comme appel ou comme signature ? La dénomination produit a-t-elle besoin d'être inscrite ou bien le visuel suffit-il à reconnaître immédiatement le produit ? etc. Quel est l'avantage concurrentiel déterminant dans le choix du consommateur ?

- *simplifier* au maximum les textes : une surcharge d'informations équivaut à une absence d'informations. Il faut notamment être extrêmement vigilant lorsque le packaging est distribué dans plusieurs pays, avec plusieurs langues ;
- *classifier* les produits : dans le cas où la marque possède plusieurs produits ou variétés, il est nécessaire de clarifier l'offre. La segmentation doit être facilement assimilée par le consommateur et le distributeur.

Les objectifs d'un bon packaging

Une fois le message et la cible définis, il est nécessaire de respecter un certain nombre d'objectifs pour optimiser les chances de succès du packaging :

- *susciter l'attention.* L'emballage doit capter l'attention du consommateur pour déclencher l'acte d'achat. L'attrait provient d'un bon design dès lors qu'il n'y a pas d'innovation produit. Plus le consommateur a trouvé de l'attrait pour le produit, plus la mémorisation de ce produit et de sa marque sera grande ;
- *susciter l'approche.* Le consommateur sera-t-il suffisamment attiré par le produit pour s'en approcher et le prendre en main ? L'acte d'achat en magasin est d'abord un acte physique et la visibilité seule ne suffit pas à provoquer la rencontre du consommateur et du produit ;
- *communiquer une image compétitive.* Dans l'environnement concurrentiel actuel, pour faire partie des « élus », un produit, qu'il s'agisse d'un savon ou d'une huile de moteur, doit communiquer clairement ses spécificités et ses avantages. Cela doit être fait de manière significativement meilleure que les concurrents. C'est la notion d'image compétitive qui donnera l'appréciation la plus juste de la performance du facing en ce domaine ;
- *informer.* L'information passe autant par les textes que par des astuces graphiques. Le consommateur doit comprendre instantanément ce qui lui est proposé. Il apprécie les conseils et les suggestions ;
- *faciliter la mémorisation du packaging.* Le produit, à travers son emballage, doit communiquer ses avantages concurrentiels. Le packaging ne doit pas comporter d'éléments qui puissent lui nuire au

sein de son environnement concurrentiel. Toutes ses composantes contribuent à une meilleure mémorisation et doivent donc être travaillées en fonction de cet objectif.

Le packaging doit aider les consommateurs à clarifier l'offre. Son rôle est donc avant tout de communiquer sur la marque du produit et non sur la marque de l'entreprise. Cet état de fait évolue de façon très sensible depuis quelques années. Une marque ne peut se diversifier si elle vend tous ses produits sous un même nom, car il y a alors risque de confusion pour les consommateurs. Il faut donc adopter une politique de marque produit, c'est-à-dire utiliser différents noms pour chacun des produits de la gamme.

La notion de packaging « média à part entière » prend ici toute sa dimension, l'image visuelle étant un acte de consommation qui fait appel à l'imaginaire pour interpeller et séduire. Ce qui démontre clairement que le packaging ne sert plus seulement aujourd'hui à protéger, présenter et contenir.

La visibilité en linéaire

Un bon packaging doit être vu, susciter l'intérêt, le désir, l'imaginaire véhiculer une personnalité spécifique et motivante en situation concurrentielle. Il doit déclencher le réflexe d'appropriation : il est le premier contact visuel et tactile sur les linéaires. Il serait facile de concevoir un packaging d'un volume et d'un design tellement original et novateur par rapport à son environnement concurrentiel que celui-ci ne pourrait trouver sa place en linéaire.

➤ L'optimisation de la place en linéaire

En effet, se pose le problème de rentabilité au mètre linéaire, et donc de volume de stockage des produits. Les boîtes rondes, par exemple, ont été souvent abandonnées au profit des boîtes rectangulaires, qui tiennent moins de place en linéaire et permettent de rentabiliser chaque centimètre carré.

Le quantitatif a longtemps primé sur le qualitatif. C'est désormais l'inverse, au profit de l'image. L'aspect visuel prime de plus en plus sur les problèmes d'espace occupé sur les linéaires (« Carte Brasserie » de William Saurin en boîtes octogonales par exemple).

Malgré cela, il ne faut pas basculer dans l'excès inverse, qui consiste à faire passer le design global avant le merchandising. Par exemple, il y a quelque temps, les glaces étaient conditionnées dans du polystyrène expansé, mais ce type de packaging tenait beaucoup trop de place en linéaire. Il a donc été remplacé par un packaging classique, moins épais, permettant de plus quelques innovations en matière de design volume.

Il ne faut pas négliger le fait que le principal souci en matière de conception volume packaging doit rester l'utilisation optimale de la place en linéaire, celle-ci étant de plus en plus difficile à obtenir. L'importance du facing en nombre contribue largement à l'impact visuel d'un packaging.

La création d'un nouveau volume pour le produit peut avoir parfois des conséquences surprenantes : par exemple, sont apparues sur le marché des lessives « micro ». La réflexion merchandising qui aurait dû être entreprise lors de l'élaboration du packaging aurait pu permettre d'anticiper sur un problème d'implantation magasin, à savoir : pour le même nombre de références, le même nombre de boîtes, la surface occupée en linéaire a été réduite de moitié. Conséquence : cette surface vide a pu être attribuée à des concurrents n'ayant pu jusque-là trouver leur place en linéaire.

La seule possibilité pour ces lessives micro de conserver leur linéaire initial a été de suggérer au distributeur d'implanter sur cette surface vide les stocks occupant précédemment de la place en réserve. D'où un sur-stock en surface de vente. Il aurait été opportun de lancer au même moment que l'apparition d'une lessive micro, une autre lessive micro d'un parfum ou d'un avantage produit différent, afin de conserver la totalité du linéaire acquis avec difficulté dans le temps. Toutefois, il aurait pu aussi suffire simplement de proposer au distributeur une nouvelle approche concernant l'implantation globale des produits de la gamme. Et par là même, de préserver le territoire, tout en améliorant le service rendu.

➤ L'effet de cumul

Lorsque plusieurs emballages identiques et de même format appartenant à la même marque sont placés côte à côte sur l'étagère, il se produit une image unique constituée par des emballages répétant le même motif. Toutefois une forme continue qui se rapproche de l'horizontale

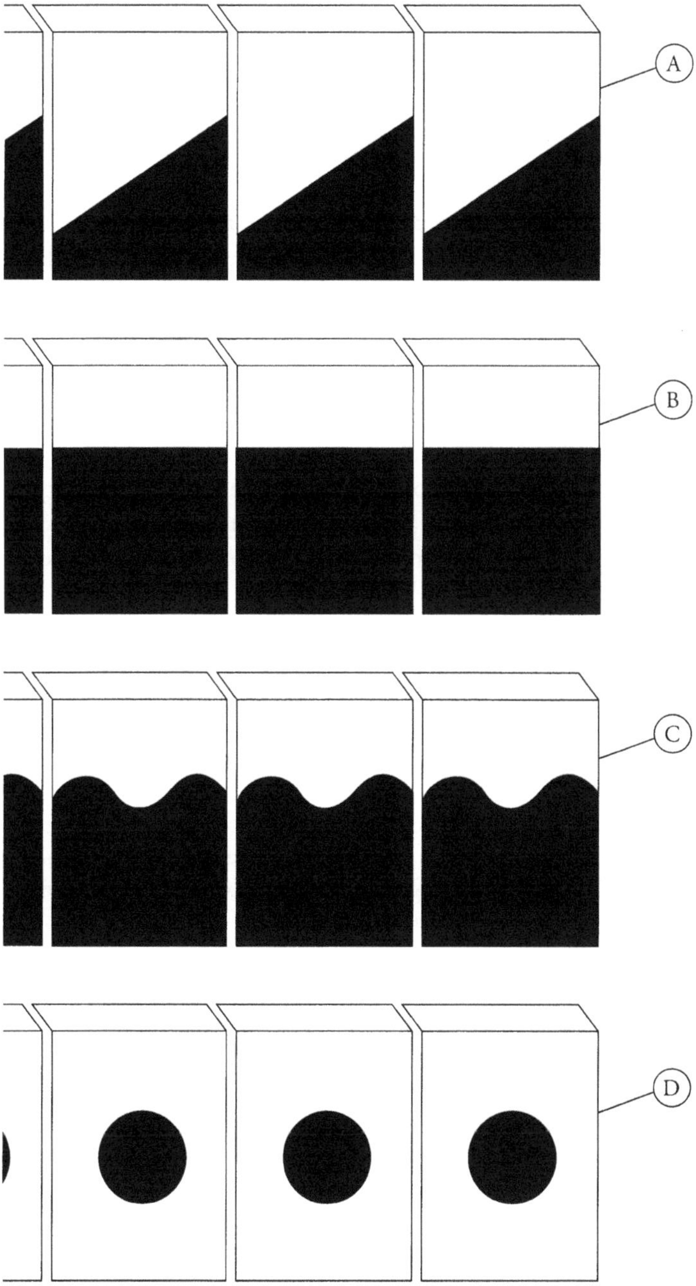

Effets visuels provoqués par plusieurs emballages identiques sur un rayon

ou qui ondoie (B et C) a pour conséquence de favoriser le glissement du regard le long de cette forme jusqu'à ce qu'il s'immobilise sur un emballage concurrent. L'emballage A et surtout l'emballage D, à côté de leur appartenance évidente à un même fabricant, parviennent très bien à capter l'attention et à la retenir plus longuement, ce qui n'est pas le cas avec les deux autres emballages.

Lors de l'élaboration du packaging, il ne faut pas négliger non plus les problèmes de préhension du produit, et d'unité visuelle sur les linéaires. Le produit doit pouvoir aisément se distinguer des autres, tout en délimitant clairement son territoire.

➤ Le changement de packaging et l'environnement concurrentiel

Si le produit ne présente pas réellement une nouveauté, ou une segmentation d'achat différente pour le consommateur, le packaging et le merchandising permettront au produit de faire la différence en ce qui concerne le premier achat, mais ne permettront pas l'acte déterminant qu'est le réachat.

Les comportements des consommateurs face à un nouveau packaging

Faute de temps, le consommateur achète plus par réflexe visuel que par analyse détaillée de l'image présentée. Toutefois, si le produit répond réellement à un besoin ou à un positionnement original, il retiendra sûrement son attention. Comme pour toute nouveauté, il faut s'attendre à une période de découverte en magasin, car en effet l'image familière d'un produit ne peut que favoriser ses ventes. De ce fait, il sera dangereux en cas de lifting ou de modification de packaging de produits existants, de changer de façon perturbante cette image visuelle.

Par exemple, une nouvelle marque de café a voulu, pour se faire remarquer, utiliser le code couleur vert ne correspondant dans l'esprit du consommateur à aucun point de repère lui permettant actuellement de choisir sa catégorie de café (rouge : robusta, noir : arabica, bleu : décaféiné). Conséquence d'une nouvelle couleur : on se fait remarquer, mais on ne permet pas au consommateur d'acheter. La nouvelle segmentation d'un mélange (robusta et arabica) au packaging vert ne pourra s'imposer qu'avec le temps. Ce produit aurait pu s'imposer plus facilement avec un packaging noir et rouge.

Les conséquences d'un nouveau packaging sur le merchandising sont nombreuses. Elles influent sur la présentation du produit :

- broche,
- tablette,
- panière.

Elles influent également sur :

- les stocks/les facilités de réapprovisionnement,
- la gestion,
- la préhension du produit,
- la conservation du produit,
- la lisibilité des informations et de la marque,
- le positionnement du produit,
- l'image du produit,
- l'utilisation d'une face plutôt qu'une autre en face principale (facing).

L'environnement concurrentiel d'un produit doit avoir des conséquences sur la conception du packaging, ainsi que sur la réflexion d'implantation merchandising, qui ne seront pas conçues de la même façon selon la localisation du produit en magasin.

Si le produit est vendu dans un rayon de regroupement, par exemple les gâteaux apéritifs avec les gâteaux sucrés, il faudra tenir compte de cet environnement pour la conception des deux actions. Si les gâteaux apéritifs sont implantés au rayon des apéritifs, leur environnement concurrentiel sera cette fois-ci composé différemment.

Éléments de stratégie d'implantation merchandising

Chaque lancement de produit nécessite l'élaboration d'un dossier d'implantation et de recommandation merchandising, qui comprend :

- les informations principales concernant le marché,
- la recommandation d'implantation propre au produit,
- la préconisation d'implantation concernant les produits concurrents.

Sur ce dernier point, il est nécessaire de se mettre à la place d'un chef de rayon, à qui on propose, pour un produit, des plans d'implantation qui par conséquent vont sûrement perturber l'ensemble de son linéaire sans lui donner une préconisation d'implantation pour les produits constituant l'environnement concurrentiel propre à son magasin : ce chef de rayon aurait raison de ne pas tenir compte de la proposition.

Il fut une époque où les industriels proposaient aux distributeurs des plans de réimplantation globale de leurs linéaires manquant quelque peu d'objectivité. Seule une intégrité préservant l'intérêt du magasin, et donc de chaque marque, peut être acceptée. Cette honnêteté permettra sûrement à la marque ayant l'initiative d'obtenir auprès du distributeur une image forte qui lui permettra de fait d'imposer plus facilement ses nouveaux produits dans l'avenir. Le jugement définitif concernant la fiabilité et l'honnêteté d'une recommandation sera matérialisé dans les faits par une amélioration des rotations sur l'ensemble des marques du linéaire, et donc une amélioration globale des ventes.

Dans la réflexion merchandising, l'ILV a sa place, si celle-ci reste totalement informative en vue de rendre un service à la clientèle du magasin, et par conséquent à la marque. La PLV trouve malheureusement de moins en moins souvent sa place en magasin car, par son côté ludique, elle représente une surcharge de communication et d'information pour le consommateur.

Dans l'élaboration d'un dossier merchandising, un certain nombre de faits propres à chaque magasin doivent guider les recommandations d'implantation :

- le sens de circulation,
- la situation des rayons,
- les *power items* ou produits à forte attraction,
- les bouts de rayon,
- les têtes de gondole.

Les critères déterminants pour la bonne présentation du produit en linéaire sont :

- la lisibilité et la facilité à reconnaître le produit,
- les facilités de réapprovisionnement,
- les incidences saisonnières,
- la facilité à saisir le produit.

> ☞ **Remarque**
>
> **Le consommateur se déplaçant à la vitesse moyenne de 1 m/s, il ne peut percevoir une marque ou un produit qui serait présenté sur moins de 30 cm de facing.**

Pour comprendre l'importance d'un plan d'implantation bien construit, il faut observer la valeur des différents niveaux de présentation des produits. En faisant varier la position d'un produit à l'autre, on obtient les variations positives ou négatives de vente suivantes. Pour un produit qui passe :

- du niveau 1 (le plus bas) au niveau 2 : + 34 %,
- du niveau 2 aux niveaux 3, 4 et 5 : + 63 %,
- du niveau 1 aux niveaux 3, 4 et 5 : + 78 %,
- des niveaux 3, 4 et 5 au niveau 2 : – 20 %,
- des niveaux 3, 4 et 5 au niveau 1 : – 32 %,
- du niveau 2 au niveau 1 : – 40 %.

☞ **Remarque**

Les produits qu'on veut vendre en quantité doivent être bien évidemment placés à la hauteur des yeux.

La figure ci-dessous présente les différences de visibilité et de préhension dans un meuble en gondole, pour un même format et une même marque. Quand l'étagère de la hauteur du cœur, entre 0,65 et 1,15 mètre, est épuisée à 100 %, l'étagère du niveau le plus bas, à 3 mètres de distance, est toujours pleine. Cet exemple est théorique car chaque marque et chaque produit possèdent sa propre attraction.

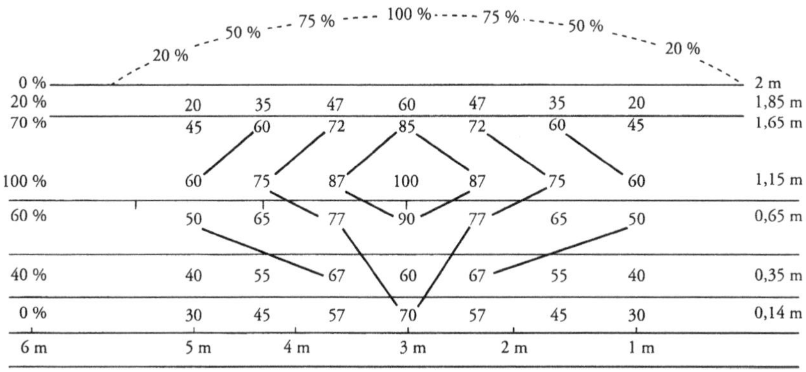

Valeur des emplacements dans un rayon

Ceci n'est qu'un aperçu de la réflexion merchandising qui devrait être faite pour chaque nouveau packaging. Le merchandising est le passage obligé d'un produit sans vente assistée vis-à-vis du consommateur.

Packaging et couleur

Certains professionnels intellectualisent le phénomène de la couleur en packaging, et cherchent à rationaliser son effet ou l'effet de ses compositions. Doit-on choisir le code couleur utilisé par les leaders du marché, ou bien au contraire doit-on en choisir un autre pour se faire remarquer par le consommateur ?

Il existe des règles concernant les couleurs en packaging ; ces règles ont pour objectif de clarifier l'offre et de permettre une meilleure segmentation des gammes de produits. Il n'est pourtant pas possible de définir à ce sujet de règles absolues, car tout succès passera un jour par la transgression de ces règles. Il faut cependant connaître celles qui sont essentielles.

Le phénomène de la couleur

Tout au long des siècles, depuis les philosophes grecs et latins, les savants, les scientifiques ont été divisés par le phénomène complexe de la couleur lié à celui de la lumière. La couleur en packaging est d'abord une *sensation.*

Le phénomène de la lumière est quelque chose de si familier qu'il n'est pas courant de s'interroger sur la lumière et sur l'importance de son rôle dans la vie de tous les jours.

Nous retiendrons des phénomènes qui *lient lumière et couleur* que la lumière est l'ensemble des radiations électromagnétiques auxquelles les yeux humains sont sensibles.

Ainsi, chaque couleur possède sa propre personnalité, variable d'ailleurs selon celui qui la perçoit.

Chaque individu voit avec son propre œil et ses éventuelles aberrations chromatiques (daltonisme, myopie, etc.) ressent, selon l'excitation de son cerveau, par le biais du nerf optique, des influences qui lui sont propres et interprète, selon les éclairages, la couleur des objets visualisés. Personne ne peut donc connaître objectivement ce que signifie pour un autre que lui-même la vision du vert ou du rouge.

Il en est d'ailleurs de même des autres sens tels que le goût, l'odorat...

Le caractère psychologique des couleurs

Les couleurs font rêver et exercent sur les individus des sensations intimes qui, dans le domaine de l'inconscient, deviennent symboliques. Beaucoup d'ouvrages traitent de leurs caractères psychologiques et de chacune de leurs nuances : c'est ainsi, par exemple, que :

- le *vert* évoque la nature et traduit le calme, la fraîcheur, la vigueur. Il peut également laisser percevoir l'angoisse, l'effroi… On trouve les expressions : vert de peur, vert c'est l'espérance ;
- le *jaune* est la couleur de la plénitude, celle de la luminosité, donc de la lumière. C'est la couleur de la jeunesse, des enfants. Le jaune s'extériorise ; il est actif. C'est aussi le symbole de la tromperie, de la perfidie : « rire jaune » ;
- l'*orange* est une couleur hypnotique et calorifique. Elle symbolise la gloire et la réussite. Elle est « vitaminée » … ;
- le *rouge* est une couleur brutale, agressive. C'est la couleur du feu qui brûle, du sang qui vivifie, la virilité, la passion, la colère. C'est une couleur qui attire le regard et qui témoigne d'une immense puissance. Selon ses nuances, le rouge prend différents caractères :
  - pourpre, il est digne, puissant, riche,
  - cerise, il devient sensuel,
  - rose, c'est la douceur, l'intimité, le romantisme ;
- le *violet*, qui est formé de deux couleurs situées chacune à une extrémité du spectre, est une couleur instable. Il exprime un certain mystère, mais demeure majestueux. En s'éclaircissant, il passe au lilas évoquant l'enfance regrettée, son monde fantastique, magique… ;
- le *bleu* est calme et revêt une profondeur solennelle. C'est une couleur féminine qui se repose dans une ambiance de détente. Il provoque une sensation de fraîcheur, de propreté.

Les effets des couleurs

Les couleurs exercent sur nous des effets tant sur le plan physiologique que psychologique, qui influencent notre comportement et même nos prises de décisions.

Les couleurs sont rarement inactives et c'est ainsi que le *bleu* est une couleur *intériorisante* favorisant la décoration d'une bibliothèque, d'une salle de séjour.

Le *rouge* est, par opposition, une couleur *extériorisante* qui excite et favorise les passions. C'est la couleur privilégiée des établissements nocturnes : cabarets, boîtes de nuit...

Le *vert* est plutôt une couleur équilibrante et la plus calme qui soit : elle est l'apanage des maisons de jeux : tel le casino et ses tapis verts.

Les couleurs *pastels* ont pour trait spécifique l'affaiblissement des caractères de la couleur dont elles proviennent.

La fonction de la couleur dans la perception

Les couleurs évoquent également le goût, l'odeur, le poids, le volume, la température, car la vision des couleurs ne se limite pas au seul sens de la vue, mais se transmet à d'autres sens.

Ainsi, le rose paraît sucré et doucereux ; le vert salé et aigre ; le jaune piquant et acide. Il serait malvenu de présenter des olives dans une boîte rose et des sucreries au miel dans un sachet vert.

Le violet, souvent attribué au conditionnement de produits à la lavande, révèle une odeur parfumée, alors que l'orangé évoque une senteur poivrée et le vert exhale les épices.

La suggestion de l'aspect d'un produit par la couleur est peut-être moins directe que les précédentes, mais malgré tout un produit compact et solide se traduira plus par des couleurs sombres (marron, bleu outremer) alors qu'un contenu liquide s'apparentera à des tons de vert-bleu, vert froid, s'écartant vers des coloris roses pour des liquides denses et onctueux.

Les pulvérulents se caractérisent plutôt par les couleurs jaune, ocre, brun pour les cacaos en poudre par exemple.

Le blanc et le jaune sont connus comme les couleurs les plus légères : des caisses peintes en noir ou violet foncé paraîtront beaucoup plus lourdes que des caisses peintes en jaune.

De même, dans la notion de volume, des emballages de couleur claire paraîtront plus importants que des emballages de couleur foncée.

La température des couleurs est évaluée par une courbe appelée « courbe des températures des couleurs » et exprimée en degrés Kelvin (K).

Les couleurs situées dans le tiers du spectre des rouges exercent une sensation de chaleur, alors que de celles situées dans le tiers du spectre des bleus émanent une sensation de froid.

Les couleurs compensatrices de nuisances

Dans notre monde d'aujourd'hui, on ne cesse de mettre en avant la protection de l'environnement, le respect de la chaîne écologique, la qualité de la vie. Et bien des couleurs peuvent contribuer à l'amélioration de notre confort et compenser certaines nuisances, car il existe toute une perspective des couleurs :

- les bruits : très aigus, ils seront mieux supportés dans un local sombre alors que des pièces claires seront mieux appropriées à des sons très graves ;
- l'espace vital : un intérieur de petites dimensions paraîtra beaucoup plus grand s'il est peint en clair ou dans une couleur froide que s'il est peint en sombre ou dans une couleur chaude ;
- la chaleur, le froid liés à la température des couleurs : on pourra donner une sensation de fraîcheur en peignant une chaufferie en bleu afin d'atténuer, dans une certaine mesure, l'expression d'excès de chaleur du local ;
- la lisibilité : selon qu'un texte sera imprimé sur un fond en positif ou en négatif (en réserve) et dans des couleurs différentes, il sera plus ou moins facile à lire et ce, plus ou moins instantanément ;
- l'écologie : ne voit-on pas fleurir aujourd'hui les « produits verts » et leur armée de labels… Ils correspondent à un besoin du consommateur, à une promesse de naturel, de sécurité.

Les conditions d'observation des emballages

La symbolique des couleurs et l'influence qu'elles exercent sur les individus donnent naissance à une véritable psychologie des couleurs. *C'est par les couleurs que les consommateurs perçoivent les qualités des produits alimentaires.*

Un acte d'achat est très souvent déclenché par un phénomène d'affectivité faisant abstraction des artifices utilisés par les fabricants pour valoriser leurs produits (car ceux-ci savent très bien traduire la représentation visuelle telle que l'acheteur se la représente et non telle qu'elle est en réalité).

Il est bon de souligner que, d'un pays à l'autre, les critères d'appréciation sont liés aux cultures, aux médias et qu'il faudra tenir compte de ces facteurs pour bien vendre un produit étranger.

Par exemple, pour un Américain, le jaune signifie particulièrement bon marché avec caractère nordique alors qu'il caractérise en Europe la lumière, le soleil, donc le Sud.

Le vert est le plus sérieux. Les autres couleurs sont qualifiées de drôles. Le rouge se place en tête dans la plupart des pays, sauf aux États-Unis !

La vision de l'emballage au point de vente

Nous vivons dans le monde du visuel, de l'image, donc de la couleur, des signes ou pictogrammes, donc de la reconnaissance rapide, efficace, fonctionnelle. Un consommateur passe de moins en moins de temps dans une grande surface et souhaite rapidement identifier les produits de consommation dont il a besoin.

Sans développer les théories de motivations d'achat, de fonctions, des différentes clés d'entrée d'un produit (économique, technique, etc.), l'attraction de l'emballage constitue un facteur de vente important.

L'observation et la découverte séquentielle d'un produit

Plongé dans l'univers multicolore d'un supermarché et face à des linéaires de produits similaires, l'acheteur dispose seulement de quelques secondes pour sélectionner un article, le saisir et le mettre dans son chariot. Comment perçoit-il ce que balaie son regard ?

- à une distance de 10 m à 4 m environ : le premier contact visuel s'affirme pour la couleur : c'est la vision de « l'habillage » du produit, c'est l'émergence, puis apparaît ensuite la forme de l'emballage ;
- à environ 3 m se détache alors le logotype de la marque ou un signal graphique, c'est la réassurance recherchée ;

- puis à 2 m, les détails se perçoivent et l'on peut lire la dénomination de vente, la phrase signature qui permettent de classer l'article (clé d'entrée dans le processus d'acte d'achat) ;
- devant la gondole à 0,5 m/1 m, l'illustration accroche et doit provoquer le désir.

De plus, la « nouveauté », « la promo », les « plus-produits » sont alors décelables soit d'un regard, soit par une lecture facile, après prise en main du produit.

Il apparaît donc que, dans la conception créative appliquée, une hiérarchie des éléments graphiques détermine la séquence de lecture efficace qui déclenchera l'acte d'achat des consommateurs.

Les designers des agences de création packaging mettent en œuvre tout leur savoir-faire et jouent avec les facteurs de variations de la vision des couleurs pour adapter les emballages aux conditions d'achat et de consommation de la vie courante.

Ils prennent en compte les variations lumineuses, les variations dimensionnelles et spatiales, les relations des formes avec les couleurs, les variations temporelles, la complémentarité des couleurs ainsi que leur contraste, les effets cumulatifs de masse et les distorsions graphiques (aspect trompeur pour l'œil).

Les variations de perception

Citons les quelques phénomènes de perception les plus connus et leurs conséquences d'appréciation.

➤ Variation de l'éclairage

Selon l'éclairage du packaging, la couleur apparente variera suivant qu'il s'agisse de lampes à incandescence, de lampes lumière du jour ou de lampes au néon. Il faut donc prendre en compte les sources d'éclairage des magasins.

➤ Variations de surface

Une grande surface colorée paraît plus lumineuse et plus saturée que la même couleur en petite surface. Une tache colorée bien limitée paraît plus intense et plus saturée qu'une tache de même couleur avec un bord flou (dégradé).

➤ Contraste

Une même couleur paraît plus claire sur un fond sombre que sur un fond clair. Une couleur paraît teintée de la couleur complémentaire du fond sur lequel elle se détache. Parfois l'inverse se produit dans certaines figures et c'est le fond qui paraît teinter la couleur de sa propre tonalité.

➤ Complémentarité des couleurs

Deux couleurs complémentaires juxtaposées s'accentuent. Elles sont complémentaires si, mélangées, elles produisent du gris. Les couleurs complémentaires sont opposées dans le cercle chromatique :

- jaune/violet,
- jaune orangé/bleu outremer,
- orangé/bleu roi,
- rouge magenta/vert.

Les variations dans le temps sont primordiales car elles impliquent les processus d'adaptation colorée. Celle-ci peut être *locale* : c'est ce qui se produit lorsque l'observation d'une plage colorée est suivie par la perception d'une plage de couleurs complémentaires.

Elle peut être *globale* et le système visuel utilise comme référence la couleur de l'ambiance : c'est pourquoi nous ne percevons guère les grosses différences de la couleur d'éclairage une fois que l'œil est adapté.

On pourra prendre comme référence la lumière jaune des lampes à incandescence alors que la lumière du jour est blanche.

➤ Effets de masse et de formes

Le mix « graphique-couleur » permet différents effets tels :

- rayures verticales sur un packaging carton : apparence plus haute ;
- rayures horizontales sur le même packaging : apparence plus large ;
- association sur ces rayures de couleurs rouge et blanche : à distance apparence rose ;
- triangles bleus formant une frise par juxtaposition en linéaire de notre étui carton ; ils affaiblissent le caractère dynamique de cette présentation simplement par le fait que l'emploi de la couleur bleue n'est pas en adéquation avec le triangle qui concentre mieux la couleur verte ou jaune ;

- deux cercles concentriques formant des taches colorées vertes et bleues par exemple peuvent devenir des couleurs indistinctes par le phénomène de vision centrale, puis périphérique ;
- le même packaging avec un motif continu formant soit une ligne horizontale, soit une ligne ondulée, favorisera le déplacement du regard le long de cette ligne jusqu'à amener l'immobilisation de la vision sur l'emballage concurrent placé au bout de cette ligne ;
- la mémorisation peut s'effectuer par les formes primaires :
  - rond (la roue),
  - carré (l'échiquier),
  - triangle (les voiles), etc.,

  d'ailleurs utilisées pour la signalisation routière.

  De plus, à ces formes s'identifient des couleurs retenues par elles selon leur irradiation :
- le carré est au rouge,
- le cercle est au bleu,
- le triangle est au jaune,
- le triangle à coins arrondis est au vert,
- le trapèze est à l'orangé,
- l'ovale est au violet.

➤ Les codes couleurs

L'environnement concurrentiel a une conséquence déterminante sur la conception packaging, qui est de savoir, selon sa position de leader, challenger, outsider ou suiveur, si l'on souhaite que le produit s'intègre dans cet environnement en en utilisant les codes couleurs ou de formes dominants, ou bien si l'on souhaite plutôt casser tous les codes existants, afin d'en imposer de nouveaux, qui permettront peut-être à la marque d'affirmer ses différences.

Les codes couleurs utilisés en conception packaging ont deux objectifs :
- le premier est de se faire remarquer,
- le deuxième est de clarifier l'offre pour le consommateur.

Exemples de codes couleurs

Les couches-culottes utilisent depuis plusieurs années des couleurs attribuées pour chaque âge d'utilisation. Le leader ayant imposé ses codes couleurs, sans par ailleurs de signification spécifique de départ, l'ensemble des concurrents a suivi. Ceci a eu pour effet immédiat de clarifier l'offre et donc de satisfaire un peu plus le consommateur.

Le même phénomène s'est reproduit quelque temps après au rayon des cafés : les codes couleurs principaux étant aujourd'hui le rouge pour le robusta, le bleu pour le décaféiné, le noir pour l'arabica, quelle sera la place dans cet univers longuement défini d'une marque de café au packaging vert ?

D'autres rayons n'ont pas encore tiré profit de ces exemples nombreux, pour des raisons simples : aucun des fabricants ne souhaite prendre le risque d'imposer le premier des codes couleurs. D'autre part, la diversité et le nombre de produits existants ne permettent pas toujours, par l'utilisation de codes couleurs appropriés, de clarifier l'offre, mais au contraire la compliquent par un trop grand nombre de couleurs. Qui d'entre nous ne vit pas au quotidien par exemple la difficulté de choisir au rayon des gâteaux secs ?

Deux éléments interviennent dans la visibilité :

- la couleur, qui sera le premier élément vu par le consommateur,
- puis la forme du packaging.

Deux éléments interviennent dans la lisibilité :

- le choix typographique,
- la taille des caractères.

Cependant, la lisibilité ainsi que la visibilité nécessiteront une approche différente au niveau de la conception, suivant le choix de l'implantation pour le produit : horizontale ou verticale.

Certains problèmes sont incontournables comme l'éclairage des magasins, qui ne favorise pas du tout l'aspect attractif d'un produit ou d'une implantation, ou bien comme le fait qu'aux heures d'affluence le consommateur n'aura, dans les allées, aucun recul lui permettant d'avoir une vue globale du linéaire afin d'effectuer son choix. Il est nécessaire de compenser ces problèmes, en évitant par exemple certaines couleurs trop subtiles et certaines typographies illisibles.

L'emballage vendeur

L'attraction d'un produit pour l'acheteur par les couleurs représente le premier contact, mais il importe que l'acheteur les accepte et que les couleurs soient appropriées au contenu sans lui apporter de connotations négatives.

Ce qui résulte de la perception des produits par le chaland, par le biais des emballages couleurs, c'est que rien n'est rationnel aux yeux de chacun. Le consommateur est difficile à cerner...

Que valent les images, les messages réalisés quotidiennement par les agences de création ?

Les créatifs professionnels de la couleur voient techniquement le packaging coloré qu'ils élaborent, mais il faut qu'ils se posent en permanence la question : *Que verront nos clients ?*

Influence de la couleur sur l'acte d'achat

Si 20 secondes suffisent à un consommateur pour examiner une travée – c'est-à-dire un linéaire de gondole, 8 secondes lui suffisent pour sélectionner le produit qu'il va saisir et mettre dans son Caddie...

L'attirance pour un produit dans un étalage est provoquée :

- pour 35,5 % par l'emballage,
- pour 26 % par le prix,
- pour 20,5 % par la réminiscence (rappel en mémoire),
- pour 18 % par un aspect particulier.

Les produits sont associés à des couleurs spécifiques :

- lessives : bleu, vert, blanc ;
- produits chocolatés et cacao : jaune, brun, bistre ;
- produits sanitaires : bleu, rouge, blanc ;
- dentifrices : bleu pastel, bleu marine, turquoise, blanc ;
- poison (mort aux rats) : jaune et noir ;
- cosmétologie : violet, rose, mauve, bleu, blanc ;
- légumes et produits naturels : vert ;
- toniques et fortifiants : orange, jaune, blanc.

La présentation des produits en magasin fait qu'ils apparaissent très souvent tous similaires. Une marque est submergée par une autre et tout se banalise. Le fait d'émerger au milieu des autres par un concept personnalisé et même de couleurs différentes de celles de la concurrence prime pour la mémorisation, puis la réminiscence dans la mémoire de l'acheteur à l'unique condition qu'il ne soit pas déçu par son choix, que le produit lui apporte toute satisfaction afin qu'il y ait intention de renouvellement de l'acte d'achat.

Plusieurs stratégies sont à prendre en considération. Celle du fabricant qui, non seulement crée, mais innove et qui, par des actions médiatiques, surtout télévisées, va devenir l'étalon et édifier un code couleur du marché. S'il développe une gamme de produits, il pourra soit consolider sa réputation en déclinant son concept, faisant ainsi du packaging horizontal, soit personnaliser chaque produit en conservant seulement un élément fédérateur (logo de marque par exemple) et faire du packaging uniforme vertical.

La stratégie commerciale des distributeurs face aux fabricants de marques nationales a pu être une stratégie de copie de ces leaders dans chaque secteur. Cela veut dire que les produits distributeurs pouvaient avoir le même positionnement que les leaders avec des prix similaires, mais plutôt légèrement inférieurs. En terme de design-packaging, cette démarche obligeait à des présentations semblables dans le même code couleur, le seul élément pouvant identifier le produit distributeur étant la marque ou la signature. Cette politique ne favorise guère l'émergence dans le linéaire, surtout si la marque ou la signature n'est pas affirmée et ne répond pas à une identité forte inhérente à des normes graphiques définies et rigoureuses.

Par contre, la stratégie peut être tout autre et l'objectif s'orienter vers une véritable volonté de création d'une marque propre et bénéficier auprès des consommateurs d'une gamme de produits digne de la réputation du Groupe ou de l'Enseigne.

L'orientation commerciale prendra en compte la culture de l'entreprise, ce qu'elle est, ce qu'elle veut paraître, devenir, pour aboutir à un système conceptuel offrant une architecture cohérente qui produise un impact formel de chacun de ses produits dans la section de rayon qui lui est consacrée. Le concept-design marketing fournira une communication optimale de la hiérarchie appropriée du nom de la marque, de l'aspect du produit, du descriptif du produit. Il mettra en évidence la perception immédiate des produits placés dans leur univers concurrentiel afin de faciliter le choix des consommateurs. Enfin le système devra permettre une extension aux produits nouveaux susceptibles d'apparaître sur le marché.

Ce clin d'œil sur la réplique des distributeurs aux fabricants, loin d'être exhaustif et professoral, peut également s'appliquer à eux-mêmes dans le cadre de la libre concurrence qui les anime.

Packaging et promotion

Dans la pratique, les actions de promotion viennent souvent s'intégrer sur le packaging existant (promotion « on pack »). En effet, une promotion consiste à ajouter temporairement à un produit une valeur supplémentaire offrant un avantage spécifique aux acheteurs concernés en fonction d'un objectif précis et mesurable. De cette définition, on peut tirer quatre principes fondamentaux :

- la promotion est une exception,
- la promotion est une impulsion,
- la promotion est un accélérateur,
- la promotion doit se faire regretter.

Dans le cycle de vie d'un produit, il y a toujours lieu d'intégrer à son packaging des promotions consommateurs. La promotion qui va venir s'intégrer sur le plan visuel dans un packaging a l'avantage d'augmenter ponctuellement l'impact de celui-ci, mais elle peut présenter l'inconvénient de modifier sensiblement l'image « visuelle » du produit et sa reconnaissance et donc de produire l'effet inverse de celui recherché.

☞ **Conseil**

Il est souhaitable de prévoir, lors de la construction graphique initiale du packaging, la meilleure intégration possible de promotions préservant l'image du produit tout en favorisant l'impact promotionnel.

Packaging et communication

Présenter un packaging comme un élément fédérateur d'une campagne de publicité permettra rarement de « raconter une histoire » qui donne une personnalité affective au produit. Le packaging en publicité doit toujours être présent, non pas pour « raconter une histoire » mais plutôt pour la signer. Cette signature est unique : elle devient de ce fait l'élément de reconnaissance en magasin et assure la liaison avec la communication globale.

Les dix principes de la communication packaging

1. La meilleure façon d'être entendu est d'avoir quelque chose à dire en terme de bénéfice consommateur. Une nouveauté réelle, une véritable amélioration ou un avantage vraiment compétitif sont les meilleures cartes pour une forte communication packaging.
2. La notoriété de l'annonceur ou de la marque est un facteur puissant. Ce qui est familier possède toujours au départ un avantage sur ce qui est inconnu, pour la bonne raison que les notoriétés solides ont été construites lentement et entretenues avec un soin jaloux.
3. On ne peut pas être tout pour tout le monde. La plupart des bons packagings s'adressent à des gens en particulier ayant des intérêts particuliers.
4. La marque doit être parfaitement identifiée et identifiable. Un produit dont les qualités intéressent mais dont on ne peut pas se rappeler le nom a raté son coup, aussi complètement que si ses qualités laissaient froid.
5. Être bref est en général une qualité mais pas toujours. Un message bref qui n'en dit pas assez à celui à qui il s'adresse pour éveiller son intérêt ne fait pas long feu.
6. On prêche mal dans le désert. Il faut attirer l'attention. Quand on l'attire d'une façon qui a un rapport direct avec le message, c'est le message dont on se souvient et pas seulement la façon de le dire.
7. Chaque fois qu'on peut y arriver, une démonstration claire est une communication forte (c'est un des grands avantages de la télévision pour certains produits ou certaines explications).
8. La crédibilité est nécessaire. On peut y prétendre par l'évidence de son propos et non par la vantardise et l'exagération. La crédibilité demande de la mesure.
9. Organisez, simplifiez, classifiez. Faites en sorte que le consommateur touché et susceptible d'être intéressé ne puisse pas ne pas comprendre.
10. Répétez. La plupart des gens que l'on veut atteindre n'étaient pas là la première fois ou ils étaient distraits ou bien ils n'ont vu qu'une partie de ce que l'on voulait montrer ou encore ils l'ont oublié (PLV, TV, affichage, ...).

Communiquer sur le packaging s'apparente souvent plus à de la « réclame » qu'à cette communication globale. Le message essentiel que doit retirer le consommateur d'une campagne concerne un ou plusieurs bénéfices-produit d'ordre technique, sociologique ou psychologique.

Le consommateur ne perçoit pas toujours le packaging comme un élément de communication en lui-même. Communiquer essentiellement sur celui-ci reviendrait à révéler sa véritable nature communicante et pourrait mettre le consommateur en situation de méfiance ou de réaction à l'égard de l'attraction que peut présenter le packaging. Ce phénomène s'est déjà produit en ce qui concerne les produits de cosmétique haut de gamme.

Pourtant, la communication packaging s'apparente à celle des autres médias tels que la presse ou l'affichage. Il touche ainsi les lecteurs de façon personnalisée comme la presse touche les siens de manière individuelle. Comme elle, il présente un plus grand nombre de lecteurs que d'acheteurs. Comme un magazine de télévision, le packaging a l'avantage d'être vu par tous presque tous les jours ou plusieurs fois par jour. Comme tout autre média, il possède plusieurs types de supports qu'il convient de prendre en compte par rapport à leur cible et qui se traduisent en termes de contenant : bouteille, boîte carton, plastique ou métal, de forme ronde ou carrée, ... Comme la presse ou l'affichage, le packaging touche l'individu séparément des autres mais peut aussi toucher le groupe constitué par la famille, les proches, les amis, ...

Ainsi, le packaging communique d'une part l'image institutionnelle de la marque et d'autre part les caractéristiques objectives ou subjectives du produit. Il agit à la fois sur le point de vente et au domicile des consommateurs.

Packaging et Internet

Le développement de la vente sur Internet, en croissance exponentielle, touche tous les produits de grande consommation : la plupart de ceux diffusés dans le commerce traditionnel se retrouvent aujourd'hui sur les sites de nombreuses sociétés commerciales. Les packagings actuels, qui ont été conçus pour une distribution conventionnelle, ne permettent pas toujours aux internautes consommateurs la bonne perception et compréhension des produits. Les problèmes rencontrés sont en général les suivants :

- un facing en « taille écran » encore plus petit qu'en linéaire, d'où des problèmes de lecture et de visualisation des images ;
- une offre que le consommateur ne peut pas comparer à celle des concurrents ;
- l'absence de contrôle lors de l'acte d'achat sur la qualité réelle du produit (DLC, emballage abîmé...).

Vision du produit par le consommateur

	En linéaire	Sur Internet
Couleur	à 10 m	à 0,50 m
Forme	à 4 m	à 0,50 m
Marque	à 1 m	à 0,50 m
Visuel	à 1 m	à 0,50 m

D'autre part, le changement de contexte modifie un certain nombre de paramètres :

- la découverte séquentielle du produit à travers son packaging n'est pas la même que dans la distribution en linéaire ;
- l'éclairage n'est plus une lumière néon, mais celui qui a été mis en place pour la réalisation de la photo, d'où une inégalité des visuels produit présentés en fonction de l'origine de la photo ;
- l'effet de masse n'existe plus (pour la marque et pour les marques concurrentes) ;
- le temps de perception du produit est encore plus court ;
- le temps d'achat (de 8 secondes à 3 minutes pour un produit consommation) est ou plus ou plus long : plus court car l'information est plus rapide à trouver ; plus long, car le produit n'est plus touché mais vu virtuellement, ce qui peut engendrer un allongement ou un frein à la décision ;
- les règles de merchandising classiques s'effondrent et le déplacement du consommateur dans les rayons devient plus difficile à contrôler ;
- les promotions sont encore plus visibles ;

- la mise en avant des produits à plus forte valeur ajoutée pour le distributeur est facilitée ;
- la comparaison des prix est plus difficile à faire (et en particulier les prix au litre ou au kilo) ;
- le zapping d'une marque à l'autre et d'une enseigne à l'autre est encore plus fort ;
- la reconnaissance et la mémorisation du produit par l'emballage, qui permet de contribuer à la fidélisation de la marque, sont encore plus délicates.

La plupart des paramètres généraux développés dans cet ouvrage restent valables pour une distribution sur Internet, seuls quelques-uns vont devoir nécessiter une attention particulière. Cependant, un produit en vente sur les deux réseaux avec le même packaging doit intégrer en priorité les contraintes liées à Internet. En effet, si ces dernières sont plus difficiles à mettre en œuvre, elles ne nuisent pas à une vente en réseau de distribution traditionnel.

Principaux paramètres pour une vente exclusivement sur Internet

1. La couleur ne fonctionne plus en masse mais à l'unité, elle devient le premier élément de personnalisation ou d'identification du produit.
2. La forme de l'emballage, plus distinctive, devient un élément essentiel de la séduction.
3. La taille du facing impose une taille plus grande et un caractère plus lisible par les textes (et en particulier DLC, plus-produit...).
4. La traduction du facing doit être prévue soit en marge de la photo du produit, soit avec une photo par pays (il est possible de montrer un packaging monolingue et de livrer un pack multilingue).
5. Les services rendus au consommateur à travers l'emballage doivent être mis en avant et développés à l'écran (ouverture facile, ...).
6. Les informations situées au dos ou sur le côté du packaging doivent être accessibles à l'écran (avec effet zoom).
7. Le nombre de portions doit être fortement indiqué en facing : le packaging n'étant plus présenté en taille réelle, il est difficile d'évaluer la quantité.
8. La législation produit devient internationale, il est indispensable d'en tenir compte.

La nouvelle création packaging doit intégrer les éléments spécifiques aux produits et à chaque marché en gardant à l'esprit les questions suivantes : en quoi l'achat d'impulsion est-il modifié ? la séduction du produit ne va-t-elle pas être supplantée par la réassurance qualité nécessaire à ce type de réseau ? ...

La réalisation technique n'est pas pour l'instant modifiée par ce système de vente, proche sous certains aspects de la VPC. Les matériaux utilisés pour l'emballage devront rester de qualité. La tentation de faire des économies sur ce point s'avère dangereuse car la relation tactile avec l'emballage lors de son utilisation contribue à l'idée de qualité du produit et à sa fidélisation (matière, vernis, gaufrage...) et ce, indépendamment des contraintes logistiques (résistance aux chocs...). Pour obtenir la fidélisation, il faut éviter que la découverte physique du produit acheté par Internet n'engendre la déception (décalage entre l'image virtuelle et réelle).

Les possibilités du support vont entraîner des solutions nouvelles. Par exemple, l'image facing peut devenir avec un simple clic, une image animée sur l'histoire du produit et des autres produits de la gamme, l'état du stock peut apparaître à l'écran en particulier pour les promotions. L'interactivité autorise le rapprochement de produits complémentaires (du type brosse à dent vers dentifrice...) en fonction des besoins ou des désirs du consommateur par exemple :

- le niveau de connaissance technique (bricolage, jardinage...) ;
- le type de plat ou de repas à préparer en fonction du temps consacré au repas, avec les recettes qui en découlent et les produits correspondants.

Les packagings spécifiques à Internet évolueront très certainement, ce qui appellera de nombreuses études dans les années à venir.

Étude et pré-test packaging

Attachez-vous aux résultats une importance	
déterminante :	68,8 %
secondaire :	15,6 %
ne se prononcent pas :	15,6 %

Il existe deux méthodes pour mesurer et comprendre les attentes des consommateurs :

- la méthode quantitative (pour mesurer) ;
- la méthode qualitative (pour comprendre).

Ces études doivent être confiées à des sociétés spécialisées. Si un salarié de l'entreprise se voit confier pour mission de réaliser lui-même ces deux études, il lui sera fortement nécessaire de s'entourer des conseils de spécialistes.

Au-delà de ces deux méthodes, il en existe une moins coûteuse, qui consiste tout simplement à essayer de se mettre à la place des consommateurs ou utilisateurs, en consommant soi-même le produit, ou en le faisant consommer par ses proches. Dans ce cas, seules les réactions de bon sens et spontanées concernant l'utilisation ou l'image du packaging pourront être prises en compte. Les conclusions de cette démarche conduisent souvent à tirer de grands enseignements sur les attentes et les appréciations des consommateurs.

☞ **Remarque**

Il est inconcevable de réaliser un packaging sans connaître les attentes de la cible concernant le produit. Si aucun test n'indique de façon catégorique les chances de succès ou d'échec d'un produit, en revanche, ils permettent d'éviter les erreurs graves, et d'affiner les choix stratégiques.

Pour conduire efficacement un pré-test packaging il est nécessaire de bien définir les buts et objectifs, mais surtout de choisir la méthodologie la mieux adaptée au cas donné.

Quantitatifs ou qualitatifs, il faut prévoir environ 15 jours pour la réalisation et l'organisation des tests, et environ une semaine supplémentaire pour l'analyse. Les délais nécessaires à l'élaboration des tests doivent être impérativement prévus sur le planning de réalisation.

La méthode quantitative

La méthode quantitative permet d'effectuer une mesure chiffrée des résultats prévisionnels du futur packaging :

- par implantation dans quelques magasins tests (situation de vente réelle sur la base de séries limitées) ;

- par questionnaire en situation réelle d'implantation (sondage par questionnaire auprès d'un important groupe de personnes minimum) défini en tenant compte des catégories socioprofessionnelles.

Chacune offre ses avantages ; il faut choisir avec beaucoup d'attention parmi celles présentées.

Aussi réussi esthétiquement que soit un packaging, c'est placé dans son véritable contexte de concurrence sur le linéaire et dans les conditions d'exposition d'un magasin qu'il révèlera son efficacité réelle. L'expérience le prouve : tout test effectué dans un environnement concurrentiel limité fournit des résultats médiocrement significatifs ou même erronés.

L'influence du contexte concurrentiel

Test n°	Nombre de concurrents	Version A	Version B
1	7	28 %	38 %
2	25	8 %	11 %

Tenant compte des conditions réelles dans lesquelles le consommateur perçoit les produits, l'étude du facing permet de tester le packaging en fonction de :

- la réalité du linéaire : sa segmentation, la part et la situation qu'y occupe le produit ;
- l'environnement concurrentiel de la marque ;
- l'influence de l'organisation du magasin et de son éclairage sur la visibilité de la marque.

Autant d'éléments à maîtriser avant même le lancement du packaging.

➤ Les étapes de la méthode

Des différentes études réalisées au cours de ces dernières années, Pretesting Europe a pu dégager un certain nombre de critères de jugement réellement opérationnels. L'efficacité d'un packaging passe par cinq étapes :

- être ou ne pas être vu,
- l'approche,

- un message à mémoriser,
- l'image compétitive,
- quand les consommateurs résistent.

- *Être ou ne pas être vu*

Être vu, telle doit être la première qualité indispensable d'un produit pour que le consommateur effectue son choix en tenant compte de l'offre. Couleurs, formes, logotypes contribuent en premier lieu à la visibilité du facing. Une observation de simple bon sens ! Mais en fait, la reconnaissance visuelle n'est pas une raison suffisante de succès. C'est l'un des indicateurs de performance les moins sûrs. Les produits les plus visibles ne sont pas forcément leaders en terme de vente.

Étape n° 1 : il faut être suffisamment visible, mais ce n'est pas parce qu'une offre est la plus visible qu'elle se vendra le mieux.

- *L'approche*

Le consommateur sera-t-il suffisamment attiré par le produit pour s'en approcher et le prendre en main ? Tel est le deuxième critère d'efficacité du facing. L'acte d'achat en magasin est d'abord un acte physique et la visibilité seule ne suffit pas à provoquer la rencontre du consommateur et du produit.

L'agence de création a pu présenter un packaging très séduisant lorsqu'il est présenté seul et dans le cadre d'un bureau. Mais que deviendra-t-il dans l'accumulation d'un linéaire ? Saura-t-il encore engendrer attirance et curiosité à un niveau suffisant pour que le consommateur désire se l'approprier ?

Par ailleurs, on n'achète pas de la même façon une plaque de chocolat et une lessive. Achat impulsif, de nécessité, réfléchi... Chaque produit s'approche différemment. Et le facing devra communiquer en conséquence.

Étape n° 2 : le produit doit être non seulement vu, mais approché réellement et il est essentiel que le facing s'adapte aux différents types d'approches du consommateur.

- *Un message à mémoriser*

Le facing est un message. Au terme de son marché, le consommateur doit pouvoir se souvenir des produits qu'il a vus ou qui sont susceptibles de constituer un intérêt pour lui. L'achat n'intervient pas toujours au premier contact : il faut souvent du temps et c'est ici que la notion de mémorisation intervient.

Il faut savoir apprivoiser le consommateur. Plusieurs contacts vont le rassurer. Ensuite, la facilité avec laquelle il pourra retrouver un produit qu'il a appris à apprécier est une véritable déterminante de réachat. Enfin, bien que difficile à apprécier, le « bouche à oreille » est un facteur non négligeable d'un lancement réussi.

Étape n° 3 : sa capacité à être mémorisé est un critère d'efficacité du facing, véritable support de communication.

• *L'image compétitive*

Dans l'environnement concurrentiel actuel, pour faire partie des « élus », un produit, qu'il s'agisse d'un savon ou d'une huile de moteur, doit communiquer clairement ses « plus-produits », ses spécificités et ses avantages, et ceci de manière significativement meilleure que ses concurrents.

C'est la notion d'image compétitive qui donnera l'appréciation la plus juste de la performance du facing en ce domaine. L'expérience montre que cette mesure est la mieux corrélée aux chances de succès d'un produit : plus l'image compétitive d'un produit est élevée, plus les possibilités d'achat du produit sont grandes.

L'image compétitive donne d'autre part une appréciation d'autant plus précieuse du destin d'un produit qu'il est démontré que plus elle est élevée, plus le consommateur sera fidèle à la marque. C'est de loin le test le plus difficile à traverser.

Étape n° 4 : le facing doit refléter clairement le positionnement choisi et communiquer, d'une manière supérieure à celle de la concurrence, les « promesses » du produit (mesure de l'image compétitive).

• *Quand les consommateurs résistent*

Le facing réunit toutes ces conditions ? Bravo ! Mais un dernier obstacle peut repousser l'acte d'achat : la résistance du consommateur pour des raisons subjectives d'attitudes ou d'implication émotionnelle. Parmi les très nombreux cas d'« ego-effects », on peut ainsi citer :

- *la déception :* un consommateur qui a été déçu par le produit ou qui lie son premier essai à un événement personnel désagréable ne le rachètera pas ;

- *l'effet de préconisation :* un consommateur restera fidèle à la marque d'huile de moteur préconisée par le constructeur de son automobile, même si une nouvelle huile propose d'énormes avantages en termes de fiabilité et de longévité. Le risque, touchant son moyen de transport quotidien, lui paraît généralement trop grand ;
- *le respect des choix précédents :* une femme restera fidèle à la marque d'eau de toilette qu'elle achète habituellement à son mari, même si elle est convaincue par la promesse d'une nouvelle marque afin de ne pas remettre en cause ses choix précédents. Cependant, le jour où elle sera à la recherche d'une nouvelle image, elle pourra aisément changer de marque.

Étape n° 5 : pour que le produit soit acheté, il est nécessaire qu'aucun autre élément de sa perception n'intervienne à son désavantage.

➤ Facing recalé. Que faire ?

L'étude des facings révèle de nombreuses situations différentes. Cependant, trois situations s'avèrent les plus fréquentes.

Trois cas de types de facing

	Cas A	Cas B	Cas C
Reconnaissance visuelle	N	O	N
Approches	O	O	N
Mémorisation	O	O	N
Image compétitive	O	N	O
Achats sur étagère	O	N	N
Conclusions	Go !	Stop !	Stop !
Recommandations	Publicité si possible	Problème de concept	Amélioration exécution ou publicité

Le cas A est un exemple de facing réussi, qui peut être optimisé en améliorant la reconnaissance visuelle du produit. Cela peut être un problème d'exécution du packaging : marque peu visible ou utilisation de codes couleurs non distinctifs. La publicité, dans ce cas, permettra aux consommateurs de mieux identifier le produit en les familiarisant avec son emballage, grâce à sa présentation sous forme de photographie du produit (pack-shot).

Le cas B figure le principal écueil rencontré par les facings actuellement : la « promesse » du produit est mal présentée ou l'information mal hiérarchisée. Il peut s'agir d'un problème d'exécution, mais aussi d'un problème de concept. Là aussi, la publicité peut jouer un rôle d'assistance pour mieux situer les « plus » du produit et son positionnement.

Enfin, le cas C semble à première vue très défavorisé. En fait, il l'est moins qu'il n'y paraît, car ce facing communique des avantages au consommateur. Cette notion primordiale acquise, il est très facile de remédier aux autres faiblesses et de le transformer en facing efficace.

Intégrer la notion de facing dès la conception du packaging, le concevoir en terme de communication et le confronter aux attentes des consommateurs en « situation réelle », telles sont les clés d'un lancement réussi.

La méthode qualitative

La méthode qualitative permet de comprendre à l'aide de mots et d'images, les consonances négatives et positives d'un packaging. Plusieurs techniques existent :

- réunions de groupe (table ronde consommateurs) représentant de façon la plus complète possible les différentes CSP,
- entretiens individuels,
- entretiens de couples, de familles.

Selon le produit, l'une de ces méthodes sera plus adaptée ; il faudra choisir selon les réponses qu'elles apporteront.

Les entretiens peuvent être menés à domicile, par téléphone ou au point de vente. Plusieurs techniques permettant le recueil de l'information peuvent être mises en œuvre conjointement afin de faire varier les points. Lors d'une même étude, plusieurs techniques sont utilisées :

- non directives,
- semi-directives,
- descriptives,
- projectives,
- créatives.

Il est possible d'assister en direct aux réunions de groupe ou entretiens (derrière une vitre sans tain ou visualisation sur un écran de télévision). Avant toute étude qualitative, une réunion permet de formuler les objectifs de l'étude en fonction de l'utilisation qui doit être faite des résultats. Cela permet d'adapter la méthodologie en termes d'objectifs, d'études, de délais et de coûts.

Les études, réunions ou entretiens, sont animés de façon intègre et impartiale par des socio-psychologues de formation. Une synthèse complète est remise à l'issue de ces tests.

Une réunion de groupe dépasse rarement 8 à 10 personnes, sélectionnées suivant des critères précis définis au préalable. Elle dure environ trois heures, les personnes convoquées ne connaissant pas à l'avance la raison du test.

Les méthodes qualitatives sont les plus couramment utilisées en prétests packaging. Elles présentent l'avantage de pouvoir explorer de façon plus approfondie l'identité, les forces et les faiblesses du produit, mais permettent moins que les méthodes quantitatives de vérifier l'impact d'une réalisation sur les ventes.

☞ **Remarque**

Il existe une autre méthode, appelée étude sémiologique, elle aussi couramment utilisée en pré-test packaging. Elle fait appel à la compétence d'un sémiologiste, qui effectuera une analyse complète et complexe des images véhiculées par le packaging[1].

Connaissez-vous le coût moyen d'un pré-test packaging ?

		pré-test qualitatif	pré-test quantitatif
800 à 1 550 €	(5 à 10 000 F)	4,7 %	1,5 %
1 550 à 3 100 €	(10 à 20 000 F)	6,2 %	3,1 %
3 100 à 7 700 €	(20 à 50 000 F)	40,6 %	15,6 %
7 700 à 15 400 €	(50 à 100 000 F)	5,0 %	9,4 %
davantage		1,5 %	3,8 %
ne se prononcent pas		20,3 %	37,5 %

1. Voir à ce propos *Entreprise et sémiologie, Analyser le sens pour maîtriser l'action*, sous la direction de B. Fraenkel et C. Legris-Desportes, Dunod, 1999.

CHAPITRE 4

Le packaging et ses acteurs

Le brief packaging

POINT DE DÉPART de la création, le brief packaging (ou cahier des charges) est un document dactylographié que l'entreprise va donner à l'agence de création. Il a pour but de définir clairement l'ensemble des étapes et des objectifs à atteindre, et de fournir les informations nécessaires à la bonne réalisation du travail. Il se doit d'être le plus précis possible afin d'éviter les interprétations, et pour que l'exécution soit en parfaite adéquation avec la stratégie marketing produit.

La réalisation d'un packaging, dont l'enjeu commercial et marketing est important, engage une somme d'investissements suffisamment lourde pour que le brief soit réalisé de façon très précise.

Le brief packaging sert aussi à éviter que les créatifs soient trop libres, et pas assez des techniciens soucieux de répondre avec précision à une commande spécifique. *Une agence de création packaging ne travaille bien que lorsqu'elle a des contraintes.* Un brief sous forme de cahier des charges reste le meilleur gage de la réussite.

Le langage de la profession

Comme chaque profession, le monde du design a son langage ; celui-ci n'a pas pour but d'exclure ceux qui ne le comprennent pas, mais bien de raccourcir les échanges tout en les rendant plus efficaces.

Il est important de se familiariser avec le vocabulaire de la profession. Il permet d'exprimer clairement les demandes, et de recevoir des réponses précises de la part des interlocuteurs.

La définition du plan de travail

➤ La rédaction de la toile de fond

La toile de fond est le résumé synthétique de tous les éléments clés de la stratégie marketing. Ce tableau fait office de garde-fou tout au long de la phase créative. Toute création non stratégique peut ainsi être immédiatement écartée. En effet, chaque partie de la toile de fond est un extrait exact de la stratégie marketing :

- *positionnement du produit.* C'est la définition exacte du concept produit. Il s'exprime de la manière la plus concise et spécifique possible en fonction des attentes de la cible, de la réalité du produit, de la concurrence.
- *cible consommateurs.* Elle précise les décisionnaires qu'ils soient acheteurs et/ou prescripteurs forts : c'est un choix. Elle se définit par des critères démographiques, d'usages et d'attitudes psychologiques (*life style/mind structure*).
- *cible distributeurs.* C'est un résumé de la stratégie distribution : quelle est la distribution, principaux canaux, politique linéaire, etc.
- *source de profit.* Ce sont les produits auxquels ceux de l'entreprise prendra les parts de marchés. Il est utile de les nommer en les hiérarchisant.
- *contraintes impératives.* Une contrainte n'est pas une recommandation. C'est une nécessité impérative d'ordre technique, légal, médical, financier, etc.

➤ La hiérarchie des fonctions

Pour que le message packaging soit parfaitement cohérent, il faut établir des priorités entre les objectifs qui lui sont assignés. En effet, vouloir tout dire avec la même force revient à ne rien communiquer. *Un message packaging qui n'est pas structuré en termes de choix et de priorités est affaibli et perd son impact.*

➤ La détermination des objectifs, de la promesse et des contraintes liés à chaque fonction

Pour chacune des fonctions du packaging, et dans l'ordre de la hiérarchie établie, il convient de déterminer comment la fonction doit répondre au problème posé.

➤ La rédaction de la stratégie packaging

Il s'agit à présent de reprendre les objectifs, la promesse et les contraintes liés à chaque fonction et ce, bien entendu, selon la hiérarchie établie.

➤ L'acceptation du plan de travail créatif packaging par les différents interlocuteurs packaging

Le plan de travail créatif packaging est alors communiqué aux différents interlocuteurs packaging qui sont les responsables du projet en développement, pour être soumis à leur approbation. Ainsi rédigé, il constitue le *cœur du brief* exposé aux différents partenaires chargés de réaliser effectivement le nouveau packaging. Un brief type, interne au service marketing et adapté aux besoins, est rempli selon chaque cas, et remis aux interlocuteurs spécialistes packaging. Ce document exhaustif passe préalablement en revue toutes les questions auxquelles il faut apporter des réponses pour préparer efficacement le brief.

Il faut être particulièrement précis et organisé, mais suffisamment évasif quant aux solutions graphiques et volumes possibles. En effet, il n'est pas nécessaire de canaliser la création par des suggestions. Toutefois mieux vaut s'assurer que l'interlocuteur, indépendamment de la bonne compréhension du brief, a compris la culture d'entreprise, ainsi que les contraintes incontournables.

Le contenu du brief packaging

➤ Les motifs du brief packaging

- Lancement d'un nouveau produit ;
- extension d'une gamme de produits existants ;
- relancement d'un produit existant (*lifting*) :
  - changement de formule du produit, nature et motifs ;
  - changement du packaging, nature (forme, matériau, taille) et motifs ;
  - changement du design du packaging, motifs, par exemple faiblesses du décor actuel.

➤ La description du produit

- Nom du ou des produits ;

- nature du ou des produits – échantillons à fournir ;
- variétés – actuelles/futures ;
- avantage(s) sur les produits existants ;
- usages des produits/habitudes de consommation ;
- habitudes d'achat.

➤ La politique de la marque

- Nom de la marque ;
- image de marque – actuelle/souhaitée ;
- positionnement de la marque – actuel/souhaité ;
- prix de vente – actuel/futur ;
- consommateurs/acheteurs – actuels/cible ;
- promesse au consommateur ;
- autres produits sous la même marque – actuels/futurs ;
- liens/différences avec les autres marques ;
- publicité et promotion ;
- circuit de distribution.

➤ Le marché

- Position de la marque sur le marché ;
- produits concurrents :
  - marques
  - parts de marché
  - société
  - qualités
  - nature
  - cibles
  - distribution
  - prix
- historique du marché ;
- objectifs marketing à court terme – par exemple :

– augmentation du volume des ventes,
– augmentation de la part du marché,
– augmentation du prix,
– amélioration de l'image de marque/image de la société,
– amélioration de la distribution...

➤ Les documents à fournir à l'agence de création

- Description et échantillons (ou photocopies couleurs) des packagings actuels et de ceux des concurrents ;
- description, documents et/ou échantillons des nouveaux packagings ;
- objectifs du design par ordre d'importance, par exemple :

– communication des caractéristiques spécifiques du produit,
– nouveauté/originalité,
– mode(s) d'emploi,
– reconnaissance de la marque,
– identification du produit,
– différenciation des variétés,
– conformité à la gamme,
– impression de taille (*size impression*),
– connotation de la qualité,
– valeur de prestige,
– degré de sophistication,
– impression « d'économie »,
– impression donnée en linéaire,
– aspect attractif,
– continuité avec le design actuel,
– identification de la société,
– signature packaging (*base line*).

☞ **Remarque**

Un critère d'évaluation en terme d'efficacité du travail fourni par l'agence de création packaging peut être le respect de ces objectifs, en termes de design, dans l'ordre d'importance définie lors du brief.

➤ Les précisions éventuelles pour le développement du design

- En cas de relancement : éléments du packaging devant rester inchangés ;
- dans tous les cas : par ordre d'importance, éléments du packaging avec leur positionnement souhaité (face, côtés, dos, bas...) :
  - logo de la société,
  - logo de la marque,
  - description du produit,
  - illustration du produit,
  - copie : texte exact.
- position exacte de la date de péremption (plans techniques), du code emballeur usine et du code à barres ;
- obligations légales :
  - indication poids ou volume,
  - « conservation » – « date limite de vente »,
  - nom et adresse de la société,
  - copie (taille des lettres, chiffres, couleurs, etc.).
- espace nécessaire pour :
  - code à barres,
  - étiquette-prix,
  - adaptation promotionnelle.
- contraintes liées au type de point de vente (détaillants, hypermarchés, supermarchés, magasins spécialisés...) ;
- contraintes liées à la présentation en linéaire (panières, étagères, broches...) ;
- contraintes liées à la publicité/promotion ;
- contraintes liées à l'utilisation à domicile du produit ;
- précisions sur l'impression :
  - procédé utilisé,
  - nombre de couleurs,
  - impression combinée (amalgame) ou séparée.

- implications internationales :
  – besoin d'adaptation à d'autres formats, d'autres langues, etc.
- maquettes finalisées nécessaires pour :
  – la publicité (photos),
  – les outils de force de vente,
  – les tests.

➤ Les précisions pour le développement d'un nouveau conditionnement

- Taille (volume) ;
- type d'emballage souhaité ;
- matériau ;
- contraintes liées :
  – à la conservation du produit,
  – aux manipulations (stockage, remplissage, fermeture...),
  – au transport,
  – au gerbage,
  – à la palettisation,
  – à la fonction en linéaire,
  – aux techniques d'impression.
- limites techniques de production.

➤ Les recherches

L'entreprise doit fournir une synthèse ou une copie de l'ensemble des documents suivants :

- panels (Nielsen, Secodip...) ;
- études consommateurs, attentes consommateurs ;
- tests : importants outils de validation s'ils permettent de juger et d'apprécier les qualités et l'efficacité d'une création, dans un environnement concurrentiel, et non de façon individuelle ;
- plan de recherche.

➤ Le timing

Un plan d'action détaillé de la date de première présentation des roughs à la date limite de remise des documents doit être établi.

➤ **Le matériel à fournir et les annexes**

- échantillons produits ;
- échantillons des packagings actuels de la marque/des concurrents ;
- échantillons et plans techniques des emballages devant être décorés/de l'impression ;
- documents/illustrations existants ;
- rapports de recherche ;
- logo numérisé de la marque.

La check-list de l'agence

La check-list complète et détaillée présentée ci-dessous indique la façon dont une agence de création packaging doit prendre le brief que lui donne l'entreprise cliente :

- la première phase vérifie la connaissance du client et de son marché ;
- la deuxième phase liste l'ensemble des contraintes légales ;
- la phase complémentaire comprend :
  - d'une part des questions directes à poser, avec des réponses claires et précises ;
  - d'autre part, des questions indirectes, qui ont pour objectif de faire dire ou réagir sur des éléments inconscients mais indispensables à une bonne conception.

Ces questions permettront d'accumuler des informations nombreuses et précieuses pour mieux cerner à la fois l'interlocuteur, l'entreprise, le produit et offrir un travail plus fin et plus rigoureux ; ceci dans l'intérêt du client et de l'agence !

Cette collecte d'information n'empêchera pas dans un deuxième temps de poser des *questions directes*, cette fois-ci, sur le packaging à réaliser : soit sur l'existence et l'importance des différents éléments (du packaging), véritables enjeux du service demandé.

À moins qu'il n'y ait aucun élément de réponse dans cette deuxième phase, il faudra toujours *vérifier la cohérence* entre les réponses (ou orientations) fournies à la deuxième phase et le diagnostic établi à la première phase.

Si cette condition est vérifiée, le travail n'est pas à reprendre, la réflexion et la création pourront être entreprises.

Le tableau de bord

A – Première phase

Le marché

Objectifs :

- mettre à l'aise et rassurer sur son professionnalisme ;
- évaluer :
  - – le niveau d'organisation de la société,
  - – le niveau d'investigation (études).
- identifier les opportunités du marché ;
- connaître les caractéristiques de la cible visée pour une première élaboration de l'importance relative des éléments à porter sur la maquette.

Taille/volume du marché :

Évolution (croissance, maturité, déclin)

Autres marchés proches (produits achetés par mêmes utilisateurs)

La société

Objectifs :

- est-elle organisée ? à quel point ?
- l'interlocuteur : son style, sa personnalité (obtus, entreprenant…) ; extrapoler à l'entreprise ;
- le degré de détermination dans les orientations déjà prises : sont-ils sûrs d'eux ?
- être en mesure de trancher entre un concept/style de packaging actuel, plus moderne, d'avant-garde ;
- importance (taille-graphisme-couleur) à apporter à la mention de la marque sur le packaging en fonction de :
  - – la notoriété,
  - – la fidélisation à la marque,
  - – la nature de la marque.

1) Création
Type d'activité
Marchés occupés et visés
Organisation
Faits marquants
2) « État de Santé »
Image de la société
Signe distinctif : emblème, logo
3) Notoriété/Image
Taux d'achat/de pénétration
Fidélisation de la clientèle
Logo/emblème ?
Marque :
- générique
- individuelle
- déposée

4) Prix
Objectifs commerciaux
Exportateur ?
- non
- oui, quels pays ?

La concurrence

Objectifs :
Mesurer le degré de connaissance des concurrents et dégager la volonté de l'entreprise face aux autres sociétés : se distinguer ? ou « copier » la stratégie et les packagings du (ou des) leader(s) ?
Acquérir une certaine expérience de ce qu'il faut faire et de ce qu'il ne faut pas ou plus faire, grâce aux informations accumulées sur la concurrence.

1) Leader
Challenger
Suiveur
Spécialiste

2) Leur opinion :
- sur la situation actuelle,
- sur son évolution.

3) Leur notoriété

Leur politique en matière de prix, de produit, de communication, de distribution

Leurs forces/Faiblesses

4) Les points forts/faibles des packagings de la concurrence

Opinions/goûts de la société vis-à-vis de ces packagings

Le produit

Objectifs :

Mesurer la quantité d'informations fournie à chaque question des différentes rubriques pour décider de :

- l'existence,
- l'importance relative,

des principaux éléments du packaging.

1) Nouveauté ? Innovation technique/technologique

Concept, nature du produit déjà connus ?

Concurrence faible, forte, moyenne.

Inoffensif/dangereux

Cohérence entre le contenant et le contenu.

2) Lancement

Croissance, maturité, déclin

Image antérieure

- satisfaisante : points forts ?
- non satisfaisante : points faibles ?

3) N'appartient pas à une gamme de produit

Appartient à une gamme – respecter le positionnement et le conditionnement de la gamme :

- oui – points forts du conditionnement,
- non.

4) Caractéristiques spécifiques en terme de clientèle pour le produit de la société cliente par rapport à l'ensemble des produits de même nature.

Cible étrangère ?

5) Qualité du produit

- facilité d'emploi, fiabilité, durabilité, précision, atout technique…,
- supérieure, normale, réduite.

Caractéristiques du produit face à la concurrence

- avantage(s), plus-produit, particularité,
- style du produit.

6) Concept essentiel à garder en mémoire

7) Phrase vocation, plus-produit, mentions spéciales

La distribution

Objectifs :

- juger au niveau d'organisation de la société, au niveau de la distribution, de leur facilité d'anticipation, ou le cas échéant, de celle de l'agence de packaging ;
- identifier leur niveau d'exigence en ce qui concerne le linéaire ; intégrer ou non la contrainte de « continuité graphique » en linéaire.

1) Quels détaillants ?

hypermarchés, supermarchés, grands magasins, magasins populaires, petits magasins alimentaires, magasins non alimentaires : franchise, boutiques spécialisées...

(quel degré de spécialisation)

Quels grossistes ?

Quels transporteurs ?

Quels entreposeurs ?

2) Quelle part de linéaire traditionnellement attribuée au produit ? (sauf nouveau produit)

Quelle opinion ?

- satisfaisante : points forts ;
- insatisfaisante : points faibles.

Quelle disposition ?

- en longueur,
- en hauteur.

Nombre et parts de linéaire des produits de même nature :

- fort nombre, importance de l'identité visuelle,
- moyen,
- faible.

La communication

Objectifs :

- avoir une idée de l'importance de la communication, du budget alloué à la communication ;

- respecter la contrainte de cohérence avec la publicité et la promotion des ventes.

1) Publicité
   Promotion des ventes
   Publicité rédactionnelle – relations publiques
   Vente
2) Accroche(s)/slogans – communs ?
3) Non
   Oui
   - Objectifs :
   – informer,
   – persuader,
   – entretenir la notoriété.
   - Forme : messages presse, radio, emballage, mailings, catalogues, cinéma, journaux internes, brochures, affiches, annuaires, présentoirs, symboles et logos…
   - Axe, thème du message.
   - Problèmes résolus par publicité.
4) Non
   Oui
   - Destinée à qui ?
   - Forme : jeux concours, échantillons, foires/salons, bons de réduction, stands, remises, animation podium…

B – Deuxième phase

Le packaging

Objectifs : récapitulation

Recueillir les grandes orientations sur la totalité des éléments du packaging, à partir cette fois-ci de questions directes.

Retrouver une certaine cohérence avec toutes les informations accumulées précédemment au moyen des questions indirectes sur les différents éléments devant constituer le packaging.

1) Non
   Oui
   - Points forts/Points faibles.
   - Cohérence avec les packagings de la gamme (si elle existe).

2) Contenance
   Format
   Matière
   Type d'ouverture
   Résistance mécanique
   Étanchéité
   Cohérence entre le contenant et le contenu
3) Nom du produit – son importance
   Nom de la société ou marque – son importance.
   Nature du produit : à mentionner ? + qualificatifs éventuellement
   Déclinaison en différentes langues ?
4) Accroche principale – son importance
   Arguments complémentaires à mentionner ? leur importance.
   Mentions spéciales.
5) Identité visuelle – son importance
   Photo, graphique, dessin ?
6) Normes à respecter
   Composition à mentionner ?
   - contenu.

   Conseils, précautions d'utilisation à mentionner ?
   - leur contenu exact

   Mode d'emploi à mentionner ?
   - son contenu exact.
7) Mentions adresse, métrologie et dates limites de vente
   Contenance (volume et masse)
   Adresse société
   Code EMB et/ou FAB et/ou estampilles sanitaires
   Date de péremption s'il y a lieu
   Date de fabrication s'il y a lieu
8) Symbolisation par code à barres
   Taille, placement
9) Existence d'une ligne de produits nécessitant un packaging sur le même modèle
   - Non.
   - Oui – sélectionner les éléments standards du packaging.

C – Phase complémentaire	
Questions à poser sur :	**Recueil des :**
Le marché	*Informations nécessaires au packaging*
Marché global	Forme des packagings
Structure du marché	Couleur vive/sombre
	Contraste/nombre
	Style de graphisme
	Quantité d'informations
	Illustration
Besoins et motivations	Mode d'emploi ?
Habitudes d'achat	Importance de l'accroche et du graphisme
	Simplicité/sophistication
Autres facteurs tenant à l'environnement	Couleurs
	Normes à mentionner
	Composition
La société	*Informations nécessaires au packaging*
Historique	Renseignements globaux
La marque	Logo
	Emblème ? à reproduire ?
Le produit	Degré d'élaboration
	Mentions à porter en différentes langues
Perspectives d'avenir	
La concurrence	*Informations nécessaires au packaging*
Position de l'entreprise sur son marché	Mentions originales à apporter
Renseignements complémentaires	
Mix de la concurrence	Forces à reprendre éventuellement
	Faiblesses à éviter
Packagings de la concurrence	Forces à reprendre éventuellement
	Faiblesses à éviter

Le produit	*Informations nécessaires au packaging*
Le produit	Apparition/valorisation de la nature du produit Valorisation du nom du produit
Phase du cycle de vie	Apparition du mode d'emploi, des précautions d'emploi Caractéristiques de l'image à reprendre éventuellement
Rapport éventuel avec la gamme	Cohérence avec le conditionnement de la gamme Apparition/Valorisation de la marque
Cible	Couleurs Style de graphisme Quantité d'information (Traduction éventuelle en d'autres langues)
Attributs	Accroche complémentaire Publi-information Accroche principale Mention spéciale
Positionnement	Illustration Couleurs
Message	Accroche principale Nom du produit
La distribution	*Informations nécessaires au packaging*
Circuit de distribution	Maniabilité (facilité de transport) Signe distinctif (emblème, logo...) pour transporteurs, entreposeurs
Merchandising	Forme du conditionnement – alignement – superposition en linéaire Cohérence – illustration graphique – Continuité en linéaire Identité visuelle

La communication	*Informations nécessaires au packaging*
Outils de communication utilisés par la société	
Outils de communication pour le produit	
Publicité	Objectifs de communication et images à reprendre éventuellement
Promotion des ventes	
Le packaging	*Informations nécessaires au packaging*
Packaging antérieur ?	Cohérence avec le packaging de la gamme (s'il existe)
	Points forts à reprendre éventuellement
Volume	Nature
	Taille de la surface à « packager »
Signature	Nom du produit de la société
	Nature du produit
	(Possibilité de traduction en diverses langues)
Accroche	Accroche principale
	Accroche complémentaire
Illustration	Graphique
	Photo
Usage	Conseils/Précautions d'utilisation
	Mode d'emploi
Législation	Composition
	Mentions adresses
	Métrologie
Mentions complémentaires	*Made in*
	Code à barres
	Contenance
	Adresse de société
Possibilité de modification	Éléments standards du packaging

La transmission du brief packaging aux créatifs par les commerciaux de l'agence de création

Les clients des agences ne rencontrent pas forcément les créatifs lors des briefs, mais plus souvent les commerciaux qui vont ensuite leur retransmettre le brief de l'entreprise, revu et corrigé par l'agence. Cette situation est souhaitable, car les créatifs ne sont pas toujours entraînés à opérer une sélection des éléments essentiels d'un brief, et particulièrement du brief transmis oralement. Le fait qu'ils assistent au brief peut amener le client à émettre des idées qui risquent de canaliser la création et limiter les axes et solutions possibles.

Il est tout d'abord nécessaire pour le commercial de l'agence de création – avant de briefer les créatifs – de s'assurer que le brief remis par le client a bien été complété sur tous les points lors du rendez-vous. Il va falloir ensuite en faire si nécessaire la synthèse, c'est-à-dire traduire par exemple les éléments statistiques de façon rédactionnelle.

Lors du brief au créatif, qui ne devra subir aucune déformation de fond par rapport au souhait du client, le commercial devra considérer que de la qualité de ses propos, de sa conviction et de l'estime qu'il a de son client dépend la qualité du travail qui lui sera remis. Il est de rigueur pour motiver les créatifs et les faire réagir sur le sujet de façon plus rapide, que le commercial s'efforce de devenir lui-même créatif, et par le fait émette le maximum d'idées ou de pistes créatives non directives.

Un bon brief se prépare : il est par exemple inconcevable de briefer une équipe créative sans avoir fait une analyse des points forts et des points faibles des packagings des concurrents. Il faudra que les créatifs puissent donner libre cours à leur imagination, dans les limites des contraintes du brief.

Le commercial donne une échéance aux créatifs, en comprenant leurs angoisses sur les délais toujours trop courts, car en effet, au moment du brief, la solution reste à trouver.

Le coordinateur-packaging

Le coordinateur-packaging, fonction en développement en matière de packaging, existe actuellement chez certains distributeurs, et fait son apparition auprès des industriels. En effet, la création, le concept, la fabrication, l'impression, l'achat des packagings et leur interaction avec les contenus et leurs technologies de conditionnements qui appartiennent à des métiers très différents ne sont pas des choses simples et ne s'improvisent pas.

Le coordinateur-packaging se doit d'être un généraliste du packaging en étant à la fois acheteur, commercial, technicien et créatif dans le sens de posséder un œil graphique. De plus il lui faut faire preuve d'un grand nombre de qualités : humaines, assurance, de solides connaissances générales, facultés d'écoute, force du débatteur et fermeté dans ses prises de décision. Il gère les relations avec tous les partenaires participant au packaging, internes et externes à l'entreprise ; en s'affirmant, il doit provoquer l'adhésion de tous.

Pour les distributeurs comme pour les industriels, le packaging fait partie intégrante du produit, il est un des éléments du marketing de la firme. La cohérence visuelle entre le produit et la firme est capitale pour assurer les deux pôles essentiels :

- l'identité,
- l'image de marque.

Les différents travaux à réaliser au niveau d'un achat global de packaging se répartissent en cinq grandes activités hiérarchisées :

- la fonction « Création, études et techniques » à laquelle peuvent se rattacher les contrôles et les missions d'information, de prospection, de recherches, etc. ;
- la fonction « Imprimeur » (au sens large du terme) l'une des plus difficiles certes, car elle doit englober non seulement tous les procédés d'impression mais aussi toutes les connaissances propres aux professions satellites : dessinateurs, maquettiste, photographes, photograveurs, transformateurs, façonniers, relieurs, etc. ;
- la fonction « Relations humaines » qui implique la connaissance des fournisseurs et des clients, nécessite des réceptions et des visites, impose des relations avec les services fonctionnels et de production, dicte un rôle de chef ;
- la fonction « Achats » dont découlent les rôles de conseil et de coordinateur qui font appel à la pleine connaissance des produits et des matériaux ;

- la fonction « Administrative » qui peut englober l'organisation de la création, des documents de synthèse, l'exploitation des résultats, le classement, les archives.

La fonction « Création, études et techniques »

➤ Les achats

La connaissance des processus de fabrication s'avère indispensable, étant donné la pluralité des achats qui se rapportent à des branches industrielles variées :

- métal (fer blanc, aluminium) ;
- verre (bouteilles, pots, flacons, gobelets) ;
- plastiques (films souples, injectés, thermoformés, etc.) ;
- papiers ;
- cartons ;
- bois, etc.

➤ Les consultations

Certaines consultations ne peuvent se conduire sans l'établissement d'un cahier de charges qui doit :

- soit correspondre aux normes en vigueur (qu'il faut connaître),
- soit être établi en l'absence de normes.

  Elles nécessitent réflexion et concentration d'esprit (analyse).

➤ La présentation

L'élaboration de nouveaux produits et de leur présentation impose les notions :

- de compatibilité contenant-contenu (domaines des laboratoires),
- de contraintes des machines (moyens de production),
- des besoins du consommateur (études de marché),
- des lignes de conception et d'utilisation (ventes),
- des impératifs de transport et de présentation (fragilité, gerbage, préhension, etc.).

Le coordinateur-packaging doit être capable de coordonner et de posséder au fur et à mesure de sa pratique l'ensemble de ces paramètres afin de construire, avec les différents professionnels participant à l'étude, la plate-forme de travail :

- brief packaging ;
- définition des plans et niveaux de contrôles ;
- vérification des bons à graver et bons à tirer : dimensions, impression, contraintes techniques, etc. ;
- suivi de la qualité des présentations : rapprochement des témoins de chaque tirage avec le bon à tirer ;
- litiges : analyse des défauts, préjudice, règlement.

La fonction « Imprimeur »

Par l'importance des travaux d'impression et de leurs exigences scientifiques et techniques, l'imprimerie et tout ce qui s'y rattache représente la partie la plus noble mais aussi la plus complexe de la fonction Coordinateur-packaging.

En effet, généralement, la création d'un produit induit des actions médiatiques de tout ordre :

- impressions publicitaires : annonces, prospectus, bandeaux, affiches, etc. ;
- impressions de labeur : brochures, catalogues, livres, images, etc. ;
- impressions commerciales : imprimés offset, duplication de bureau, etc. ;
- impressions de presse : périodiques, journaux, mailings ;
- impressions PLV sur supports divers : papiers spéciaux, cartons, fer blanc, pellicules cellulosiques et plastiques, cartes et plans, etc.

La fonction « Relations humaines »

Le coordinateur-packaging, quel que soit ce qu'il achète, se trouve être de nos jours un commercial acheteur, tourné vers l'intérieur et l'extérieur de l'entreprise.

Il doit prendre des *fournisseurs* afin de déceler si ceux-ci sont dignes de le rester. Pour ce faire, il lui faut ausculter en quelque sorte :

- les services rendus : jauger, situer en prix, en délais, en qualité, interroger (déceler les particularités et les faiblesses) ;
- le bureau des méthodes : « Montrez-moi où est ma commande n° X » ;
- l'atelier : les machines (âge), les hommes ;
- le contrôle : son efficacité et la possibilité de limiter ou supprimer celui de l'entreprise donneuse d'ordre ;
- l'administration : structure, facturation (toujours des problèmes).

Il devra prendre des *clients* pour conduire les achats auprès des fournisseurs. Il doit connaître particulièrement le potentiel d'achat de ses clients et l'expression de leurs besoins.

C'est à partir de ces éléments que le coordinateur-packaging peut, en collaboration avec les fournisseurs, bâtir un programme commercial en tenant compte des rebuts, des déchets, des stocks, afin de définir les besoins nets d'achats :

- impressions de timbrage ou simili timbrage : cartes de présentation ;
- impressions au pochoir ou sérigraphie : décors verres, flacons, plaques PVC ;
- impressions spécifiques et pour lecture optique : documents informatiques, documents avec encres invisibles, magnétiques, aromatiques, à gratter, etc.

Or, il faut souligner que chacun de ces travaux types fait appel à des techniques particulières se rapportant aux supports utilisés, aux procédés d'impression et de clichage, et surtout au double problème de l'adhérence des encres et de leur séchage. Il s'avère difficile de choisir le procédé le plus adapté et le plus rentable en fonction des éléments précaires donnés par les clients.

À ce niveau, il faudra donc posséder la connaissance de tous les métiers de l'imprimerie ainsi que de tous ceux qui s'y rattachent.

La fonction « Achats »

La fonction Achat correspond au seul acte d'acquisition et se trouve à ce poste indéniablement dépendante des fonctions précitées :

- création ;
- techniques ;
- humaines.

➤ Les achats

Les achats se soldent en fonction de leur importance par la conduite de consultation dans le meilleur rapport qualité-prix. Encore faut-il définir la qualité directement associée à l'utilisation de l'article acheté.

À ces actes d'achat se soude systématiquement la négociation de délais de livraison. C'est le bon achat qui assure la garantie de l'image de marque.

➤ Le conseiller

Au service des utilisateurs et des services fonctionnels, le coordinateur-packaging doit être en mesure de participer à l'élaboration des cahiers des charges techniques, d'apporter des éléments prépondérants au niveau des études de matériels, de fournir l'éventail des matériaux connus sur le marché et de les situer en valeur d'après leurs caractéristiques et prix.

Il doit informer et renseigner.

➤ Le coordinateur

Il doit assurer une coordination permanente, en ce qui concerne la qualité, avec les services de fabrication et de production. Il lui faut diriger vers les services fonctionnels spécialisés les fournisseurs en vue d'établir :

- des plans de contrôles,
- l'amélioration des méthodes de travail,
- la conduite des essais industriels.

La fonction « Administrative »

La fonction administrative, qui couvre plusieurs axes :

- implique la maîtrise des prix, du suivi de leurs fluctuations (hausse, baisse) ;

- impose la connaissance des réglementations en vigueur ;
- concrétise la fonction achat par la passation de commandes, coup par coup, marchés cadencés ou contrats cadre ;
- demande la tenue d'un planning de livraisons ;
- comprend toute la partie purement administrative de suivi de facturation avec le rapprochement journalier des documents comptables et l'établissement de pièces diverses propres à cette mission (imprimés, fiches stock, fiches de règlement, etc., travaux quotidiens très contraignants) ;
- nécessite la création de fiches matériaux, de fiches fournisseurs, de tableaux de synthèse, de courbes de vie, d'historique, etc. ;
- oblige, par l'ampleur des documents d'un type technique (plan, processus de fabrication, composition de produits, photos, films, etc.), à une méthode de classement et d'archivage appropriée.

Les relations chef de produit/coordinateur packaging sont des *relations de client à fournisseur.*

Le coordinateur packaging doit :

- être techniquement au service du chef de produit ;
- entretenir un bon relationnel avec lui ;
- veiller au rapport qualité/prix et aux délais ;
- être capable d'accepter les impondérables.

Le chef de produit doit :

- analyser la concurrence sur les points informatifs et législatifs ;
- savoir ce qu'il veut ;
- rechercher le « plus-produit » ;
- être exigeant en résultat mais se plier à une rigueur de travail ;
- être disponible (ponctualité) et ouvert aux suggestions.

En conséquence, une bonne répartition des rôles permet :

- la minimisation des erreurs,
- la réduction des coûts et des délais.

Les différents professionnels de la réalisation

Les professionnels du packaging sont nombreux et peuvent intervenir à différents stades de la réalisation des packagings. Parmi ces professionnels, citons notamment :

- les cabinets d'études et de tests,
- les agences de publicité,
- les studios de création publicitaire,
- les agences de création packaging,
- les photograveurs,
- les imprimeurs/transformateurs/emballeurs,
- les fabricants de matériaux d'emballage,
- les sociétés de recherche de marque et de noms,
- les concepteurs rédacteurs,
- les spécialistes en recherche volume packaging.

Les professionnels du packaging

➤ Les cabinets d'études et tests

Les cabinets d'études et de tests sont dans la plupart des cas des sociétés indépendantes des agences de création : il est en effet difficile pour les agences de tester une création à laquelle ils auraient participé. Ils réalisent les post-tests nécessaires à l'évaluation d'un packaging, et éventuellement les pré-tests. Ils utilisent les méthodes de tests qualitative et quantitative, chacun d'eux mettant en œuvre pour cela des technologies légèrement différentes. Il est souhaitable, selon l'importance du produit, d'envisager au niveau d'un budget global, un budget destiné à des post-tests ; ceci permet dans tous les cas de faire des découvertes intéressantes, voire surprenantes à l'égard d'un nouveau packaging.

Ces cabinets d'études emploient 10 à 40 personnes en moyenne.

➤ Les agences de publicité

Les grosses agences, en général, ne traitent la conception et réalisation de packagings que pour leurs clients réguliers, et, dans la majorité des cas, elles en sous-traitent de toute façon la réalisation auprès d'agences de création packaging, ne servant par là-même que d'intermédiaires, d'où un alourdissement des coûts de réalisation. Ces agences emploient environ 100 à 200 personnes.

Les moyennes agences agissent comme les grosses agences, mais du fait de leur structure plus souple, elles s'impliquent plus dans la conception et le suivi technique de réalisation des packagings. Ces agences emploient environ 20 à 100 personnes.

Les petites agences, pour la plupart, prospectent leurs clients par la réalisation de documents imprimés ou de packagings. Ceci leur permet de gérer par la suite l'essentiel du budget communication de la société concernée. La presque totalité de leurs réalisations sont sous-traitées auprès des studios de création et d'exécution. Leur intervention se fait essentiellement au niveau de la recommandation stratégique du packaging. Ces agences emploient environ 3 à 20 personnes.

➤ Les studios de création publicitaire

Ils réalisent entièrement la conception du packaging, ainsi que son exécution finalisée, et ce sans pratiquement aucune sous-traitance. La phase de photogravure et d'impression pour les studios (comme pour les agences) est en général sous-traitée. Les studios ont la réputation d'être très créatifs en édition, mais sont plus faibles en packaging ; leurs tarifs, parfois trop chers, parfois trop bon marché, démontrent le fait que ce ne sont pas toujours des sociétés commerciales bien organisées, à l'instar des agences de publicité ou des agences de création packaging. Les studios emploient environ 3 à 25 personnes.

➤ Les agences de design packaging

Les agences de design (ou création) packaging sont les véritables maîtres d'œuvre créatifs pour la réalisation de packagings. Spécialistes du packaging et du design en général, ce sont des sociétés commerciales bien organisées, avec une réflexion stratégique permanente sur tous les travaux qui leur sont confiés.

On les confond parfois avec des agences de publicité, mais elles n'ont pas pour mission de bâtir des campagnes nationales faisant l'objet d'une stratégie à moyen terme, ni d'élaborer un plan média. Ces mêmes agences de création ont parfois tendance à se spécialiser chacune dans leur domaine : packaging, logo, design volume, design d'environnement, etc. Elles peuvent aider à gérer au mieux toutes les interventions périphériques aux leurs :

- pré-tests packagings,
- réflexion merchandising,
- fabrication, etc.

La plupart sont installées à Paris, et il est encore rare de les trouver en province.

Les spécialistes en recherche volume packaging

Il existe depuis quelques années des nouvelles sociétés spécialisées en recherche de volume packaging appelées aussi agences de design industriel. Celles-ci sont souvent issues de sociétés spécialisées en esthétique industrielle. Elles assurent la recherche créative, mais aussi et surtout la recherche de faisabilité industrielle, à travers la définition précise de formes, de fermetures, etc. Ces sociétés n'ont pas encore la place qu'elles méritent sur le marché, car la plupart des entreprises fabriquant des produits de grande distribution intègrent un Responsable emballage qui remplit cette fonction. Ces sociétés sont présentes dans les principaux guides de design.

Les sociétés de recherche de marque

Véritables entreprises à part entière, elles sont hélas encore peu connues et reconnues par les industriels ; leur rôle est pourtant essentiel et ce, en particulier, avec le marché européen. La création d'une marque repose sur un grand nombre de règles de travail, de la création du nom au dépôt de la marque dans les pays de commercialisation. Ces sociétés travaillent directement avec les fabricants et/ou les distributeurs. La marque, résultat de leur travail, est ensuite remise à l'agence de création, afin de pouvoir commencer le travail de construction d'un logo autour de la marque, ainsi que son intégration sur le packaging. Les cabinets spécialisés en propriété industrielle et adhérents à la CNCBI (Compagnie nationale des conseils en brevets d'invention), organisme officiel indépendant, assurent des prestations complémentaires à celles des agences.

Les concepteurs rédacteurs

Il n'existe pas de sociétés spécialisées connues pour remplir cette fonction. La conception d'accroches rédactionnelles ou l'élaboration des textes produits est aujourd'hui réalisée soit de façon artisanale par les industriels eux-mêmes, soit par des concepteurs rédacteurs professionnels indépendants. Il n'existe pas en France d'école de conception rédaction spécialisée en packaging. Certains écrivains, journalistes ou passionnés de conception rédaction se sont simplement spécialisés dans ce domaine. Il est possible d'entrer en contact avec eux à travers certains guides professionnels qui leur consacrent une rubrique spécifique.

Les photograveurs

Le travail des photograveurs ne peut se faire qu'à partir des documents d'exécution, depuis lesquels ils vont pouvoir réaliser des films indispensables au travail de l'imprimeur. Les photograveurs ont pour mission de reproduire avec précision les documents d'exécution fournis et non pas d'interpréter les documents en fonction de leurs appréciations. Le jugement de leur travail se fait à partir d'un « cromalin », d'une gamme, d'un système d'épreuves tel que For-Cast, Signature, etc., ou bien d'un essai sur support définitif.

Les photograveurs, comme toutes les autres corporations, ont vu leur matériel et leur technique de travail évoluer de façon sensible. Mais il existe encore aujourd'hui deux catégories de photograveurs :

- ceux possédant des équipements de pointe,
- ceux possédant des équipements plus traditionnels.

Cela ne veut pas dire pour autant que les premiers réaliseront un meilleur travail que les seconds ; ils auront tout au plus davantage de possibilités techniques, qui permettent en l'occurrence de gagner du temps, et offrent un large choix d'effets spéciaux.

En effet, dans ce métier plus qu'ailleurs, la qualité de l'homme face à la machine fait la différence.

La photogravure est un poste budgétaire élevé, le plus souvent additionné au coût de l'impression au niveau des devis, de sorte que beaucoup oublient totalement cette étape importante du travail, à la lecture des devis.

Le photograveur emploie environ 15 à 60 personnes.

Les imprimeurs/transformateurs/emballeurs

À partir des films et cromalins, gammes ou essais fournis par le photograveur, les imprimeurs réalisent l'impression du packaging. Ils ont pour objectif d'imprimer avec précision le travail du photograveur.

Les imprimeurs n'ont pas pour mission la relecture des documents à imprimer, mais sont toutefois responsables du contenu de ce qu'ils impriment. De ce fait, ils soumettent à leurs clients un « bon à tirer », qui a pour principal objectif de dégager leur responsabilité en leur donnant quitus pour le tirage intéressé.

Il est connu dans ce métier des industries graphiques que tout le monde sous-traite son travail dans tous les sens, et à toutes les étapes. La qualité du résultat final ne peut être remise en cause de ce fait.

Les quantités commandées à un imprimeur peuvent être majorées ou réduites de son propre chef jusqu'à 10 % (un barème de pourcentage quantitatif précis existe) : ces 10 % correspondent à ce que l'on appelle en langage technique « la passe ». Cette passe est nécessaire au réglage des machines et, selon la rapidité avec laquelle la machine aura été réglée, il est possible qu'il livre et facture 10 % de tirage en plus, voire 10 % de tirage en moins. Cette pratique est totalement autorisée par la loi. En cas de contestation de la part d'un client, l'imprimeur aura toujours raison.

Il est donc nécessaire de connaître cette situation avant d'entreprendre tout travail, et éventuellement d'avoir cette discussion avec son imprimeur préalablement, quitte à établir un contrat particulier de gré à gré.

Les imprimeurs emploient de 20 personnes environ jusqu'à un nombre parfois très important (250 à 1 000 personnes), selon le secteur d'activité dans lequel ils travaillent.

Les fabricants de matériaux d'emballage

Ces sociétés, en général de puissants groupes internationaux, fabriquent la matière première nécessaire à la réalisation de l'emballage :

- plastique,
- verre,

- carton,
- bois,
- métal...

Cette matière répond à chaque fois à un cahier des charges précis et très technique sur trois points principaux :

- l'imprimabilité,
- la compatibilité contenant/contenu,
- la compatibilité avec les machines d'emballage industrielles.

La matière première est vendue soit au client industriel, soit à l'imprimeur/transformateur. Cette étape de la réalisation du packaging incombe au service achat du client et non au service du marketing.

Les agences de création

Création packaging, publicité et marketing

Une agence de publicité réalise à partir de la stratégie marketing de l'entreprise la stratégie de communication globale. Une agence de création packaging traduit graphiquement les objectifs marketing sur tous les supports à utiliser, et en particulier sur le packaging.

La plupart des agences de création packaging ont intégré dans leur structure des professionnels du marketing, avec pour objectif non pas de définir la stratégie marketing de leur client, mais plutôt de la comprendre parfaitement bien ; et ce afin d'accompagner les solutions graphiques proposées d'une recommandation écrite de la meilleure stratégie packaging. Cette compétence marketing permet dans certains cas d'envisager pour le produit un positionnement ou des solutions n'ayant pas forcément été envisagés par l'industriel.

En ce qui concerne le merchandising, les agences de création n'ont pas encore suffisamment intégré cette variante du marketing dans leur réflexion. Il leur sera nécessaire à terme de développer leurs compétences dans ce domaine. Les principales recommandations merchandising faites à ce jour le sont à travers des présentoirs, box-palettes ou balisages, et non à travers une première réflexion stratégique.

L'organisation de la filière

Il existe deux associations, l'ADC (Association Design Communication), regroupant 20 spécialistes en design et packaging adhérents et le PDA (Packaging Design Association) regroupant environ 50 spécialistes européens. Pour le reste, l'ensemble de la profession reste à organiser. La concurrence semble loyale, mais très virulente, chacun essayant de justifier son intervention par des spécificités produit toutes plus particulières les unes que les autres.

Ces entreprises, d'origine créative, n'ont pas toujours su développer une culture d'entreprise originale. Seules celles ayant réussi à la développer comptent parmi les meilleures du marché.

Il n'existe aujourd'hui aucune formation spécifique qui prépare à travailler en agence de création packaging. L'encadrement commercial et administratif est parfois issu d'écoles de marketing ou vente, et parfois d'écoles d'imprimerie ou d'arts graphiques. Les créatifs, exécutants et maquettistes, sont essentiellement issus d'écoles d'arts graphiques ou d'imprimerie.

La structure des agences de création

Les différences entre les agences de création packaging sont principalement dues à la façon dont est gérée et positionnée l'entreprise, et non essentiellement aux compétences de ses équipes. Ces agences sont dans l'ensemble très bien structurées ; on y trouve, pour les meilleures, les types d'organigrammes représentés sur les figures suivantes.

De l'efficacité de l'administration dépend souvent l'ensemble de la prestation, car par cette étape passent toute la gestion et le suivi de chaque travail. Les agences de création packaging sont en général très bien organisées sur le plan administratif, et ont bien compris l'importance de cette fonction. À travers l'efficacité administrative, il est possible de juger de la qualité globale de l'entreprise, ainsi que de la qualité de son management.

L'équipement de base idéal d'une agence de création packaging se compose :

- de matériel de dessin, complet et de très bonne qualité,
- d'un labo photo trait noir et blanc,

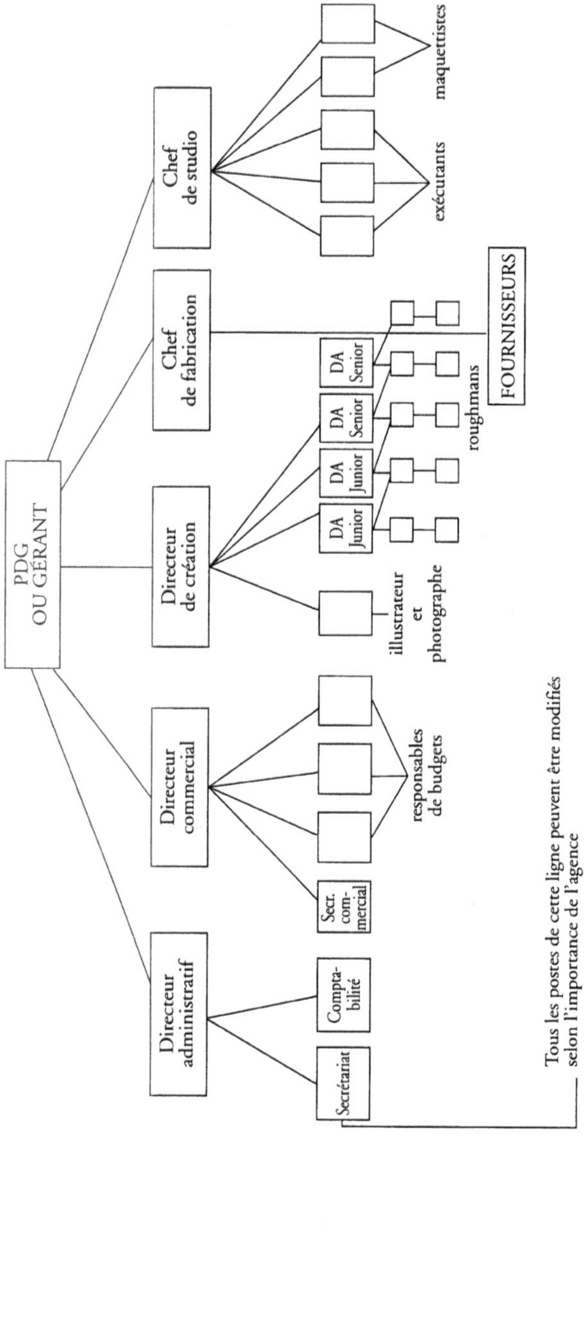

Organigramme des agences de création de taille moyenne

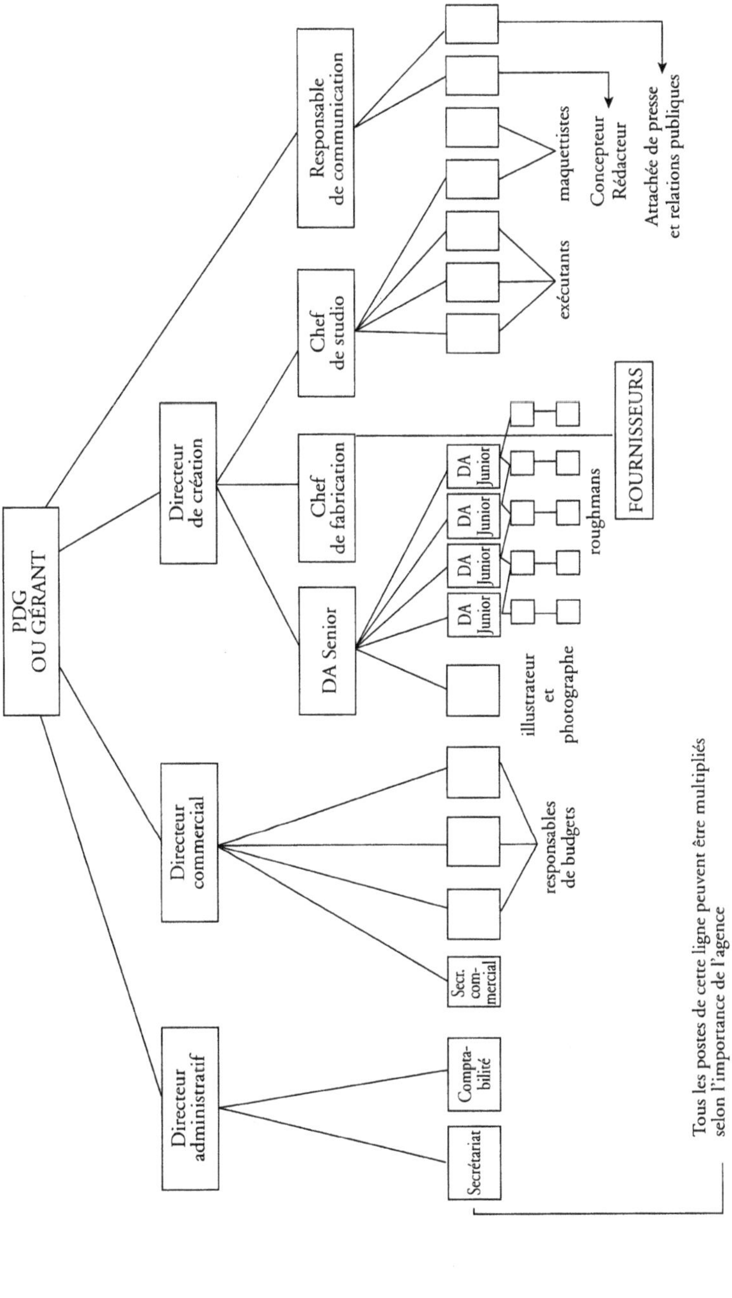

Organigramme des grosses agences de création

- d'un photocopieur de bon niveau,
- d'une salle de peinture aérographe.

☞ **Remarque**

La majorité des commandes sont urgentes, voire très urgentes. Toutes les agences de création packaging qui travaillent de façon professionnelle peuvent offrir à leurs clients des délais très courts, tout en assurant la qualité. On peut regretter toutefois les risques encourus du fait de ces délais à l'égard de la qualité et des erreurs possibles.

Les compléments naturels se composent :

- de poste PAO, publication assistée par ordinateur,
- de poste CAO, conception assistée par ordinateur,
- de poste DAO, dessin assisté par ordinateur,
- de photocopieur couleur,
- d'une bibliothèque riche en documentation.

Le chiffre d'affaires moyen se situe entre 110 000 et 154 000 euros (700 000 et 1 million de francs) par salarié. La marge brute moyenne se situe entre 60 et 80 %. Le profit net moyen se situe entre 8 et 15 %.

Il n'existe pas de normes tarifaires établies par la profession ; chacun proposant ses services en échange d'un tarif horaire établi au préalable, ainsi qu'un niveau de marge sur les achats qui seront refacturés. Certains excès de tarifs, trop bas ou trop hauts, sont à regretter car ils faussent toute appréciation du marché et peuvent donner une mauvaise image de cette profession.

Les services périphériques des agences

Toutes les agences de création packaging proposent de nombreux services périphériques. On s'assure de leurs compétences dans ces domaines à travers leurs réalisations et la structure mise en place les concernant.

En particulier, les agences ont parfois tendance à dévier de leurs compétences initiales de designers, pour se laisser emporter parfois vers un travail d'agence de publicité. Ceci peut s'avérer nécessaire pour rendre service à de petits industriels PME-PMI, mais n'est absolument pas justifié pour des entreprises plus importantes. Certaines évolutions de compétences sont possibles, dans la mesure où elles sont cohérentes et en parfaite adéquation avec leur métier de base. À savoir :

- la recherche de marques,
- la recherche volume,
- la recherche de faisabilité industrielle,
- le design d'environnement,
- la création de logotypes et livres des normes,
- la conception rédaction,
- les tests de concept,
- l'agence de presse, etc.

Toutes les agences de création sous-traitent une partie de leur production ; le plus souvent cela ne concerne que les travaux de production, et non ceux de la création, difficiles à sous-traiter. Ces étapes de sous-traitance ne sont pas forcément une mauvaise chose, surtout si elles permettent aux fournisseurs de respecter leurs délais, mais aussi et surtout la qualité maximale sans incidence sur les coûts.

Par ailleurs, la plupart des agences de création sont organisées pour suivre la fabrication des packagings. Leurs compétences dans ce domaine sont exclusivement égales à leur expérience. En effet, en matière de packaging, tous les supports présentent des aspects et des contraintes de fabrication spécifiques. Il est donc souhaitable de faire appel soit à une agence dotée d'une grande méthodologie, rigueur et organisation, pour approcher un nouveau problème packaging, soit à une agence possédant déjà l'expérience spécifique du problème posé.

Le positionnement de l'agence

Chacun se positionne sur le haut-de-gamme de la création et des compétences. La notion de haut-de-gamme à travers le service reste encore assez étrangère. On travaille souvent avec une agence de création pour sa *créativité* et ses *compétences techniques*, et non suffisamment pour ses notions de *disponibilité* et de *service*. Les futurs leaders de ce marché devront impérativement regrouper ces quatre qualités.

☞ **Remarque**

Selon les marchés concernés, il peut être utile de faire appel à une agence de création connaissant bien les contraintes locales, européennes ou internationales.

Certaines agences de création entretiennent une relation commerciale pas toujours très spontanée avec leurs clients. Ceci est dû à un problème d'identité et de reconnaissance professionnelle. Ces agences cherchent à se positionner comme plus compétentes que leurs clients, afin d'obtenir une bonne crédibilité et de bonnes retombées commerciales. Une relation d'égal à égal ne pourrait que favoriser la démystification d'une profession qui en a bien besoin. Les agences de création sont dans l'ensemble assez disponibles pour leurs clients ; la différence de qualité et de disponibilité pour chacun passant par une véritable capacité d'écoute, et d'une réponse précise à un problème posé.

À travers les références clients présentées, il est souhaitable de connaître le niveau réel d'intervention de l'interlocuteur : création, fabrication, etc., mais aussi et surtout la méthodologie appliquée au déroulement des travaux présentés. Il est nécessaire de ne pas chercher à transposer ses produits au travers des travaux présentés, chaque cas étant particulier. Il est par contre souhaitable de transposer la méthodologie de travail qui pourrait être applicable au produit de l'entreprise.

Les informations détenues par les agences de création sur les produits devant être commercialisés par tel ou tel industriel représentent une lourde responsabilité ; les conséquences d'une fuite d'information peuvent être désastreuses pour l'entreprise industrielle concernée. C'est pourquoi les agences de création entretiennent une grande confidentialité sur les travaux qu'elles accomplissent. Une agence sérieuse ne doit en aucun cas envisager une collaboration avec une société trop directement concurrente à l'un de ses clients, sans l'accord de ce dernier.

Les agences doivent particulièrement dans ces cas, et de toutes les façons, entretenir un climat de discrétion et de confidentialité absolue. C'est pourquoi la porte des cellules de création/production est le plus souvent interdite d'accès aux clients et à tout autre visiteur.

La qualité relationnelle agence/entreprise

Les interlocuteurs commerciaux transmettent aux créatifs les objectifs de l'entreprise, les ambitions et la passion. Il est certain que l'adhésion réelle à un projet ne peut se faire que dans un climat de confiance et de détente. C'est dans ces conditions qu'une agence packaging et ses créatifs donnent le meilleur d'eux-mêmes.

➤ La rencontre avec les créatifs

Les créatifs irréguliers et rêveurs n'ont pas leur place dans une agence de création. On y rencontre en général des créatifs ressemblant parfois à de véritables techniciens, parfois à de véritables créatifs. Le packaging repose sur une méthodologie de travail sans comparaison avec un travail confié à un créatif d'agence de publicité. La réflexion, la rigueur, la créativité, la sensibilité, doivent en effet cohabiter chez eux avec la compétence technique en matière de fabrication. Leur comportement à l'égard du client passe par une période d'observation, au cours de laquelle ils découvrent à travers celui-ci la face cachée du produit, pour lequel ils se seront sûrement pris d'affection. Un petit mot d'encouragement de la part du client peut les aider à remplir de façon encore plus efficace la mission indirectement confiée !

➤ Comment juger leur créativité ?

La créativité ne se juge pas de façon subjective. Elle se juge surtout par la réponse au brief. Seule une réponse parfaite à celui-ci peut ensuite donner envie d'apprécier le travail de façon plus subjective et artistique, et ce afin de faire un choix d'image pour le produit.

➤ Les créations présentées

Indépendamment des recommandations de l'agence de création, comment choisir ? Une fois exclu tout ce qui éventuellement ne répond pas au brief, l'intuition face à un choix devra l'emporter sur la raison, surtout si cette intuition est aussi spontanément partagée par d'autres. De toute façon, les quelques versions retenues devront être testées.

➤ Les arguments indiscutables des créatifs

Il ne faut pas se laisser emporter par des arguments en apparence très percutants ; plus le travail qui est présenté sera bon, moins les créatifs chercheront à le vendre.

➤ Refuser un travail non conforme et faire refaire le travail

Si les travaux présentés n'apportent pas une réponse suffisamment précise au brief, et ce point par point, il sera nécessaire de faire refaire le travail. Encore faut-il que le brief soit correctement élaboré, exhaustif et clair, et remis au propre par l'interlocuteur.

➤ Les suggestions

Le client doit se méfier des suggestions qui peuvent être comprises comme une demande précise, et traduites comme telles. Dans ce cas, toute créativité et toute possibilité d'innovation seront bloquées !

➤ Le contact avec l'équipe

L'équipe apprécie le client tel qu'il se comporte avec elle. L'image du client, parfois tempérée par les commerciaux, est ici égale à elle-même, et ne permet pas de tricherie : être soi-même et ne pas chercher à jouer un rôle particulier sont les meilleures chances pour être apprécié à sa juste valeur.

La conception packaging assistée par ordinateur

Rappel historique

L'informatique s'est introduit dans le monde graphique au début des années 1960.

Des performances intéressantes ont été enregistrées dans les années 1970 à l'apparition des « puces électroniques ».

Une nouvelle étape a pris naissance dans les années 1980 avec une miniaturisation accrue associée au développement des microprocesseurs, programmes, mémoires, logiciels, écrans moniteurs couleurs...

Depuis 1981, les métiers de la chaîne graphique ont développé des applications avec plus ou moins de réussite, de productivité, de bonnes définitions.

Aujourd'hui, les applications depuis l'assistance de création jusqu'au bon à tirer évoluent vers des « systèmes électroniques » dits *intégrés.*

Problèmes actuels

Dans l'exploitation des systèmes dits intégrés, de nombreux problèmes apparaissent :

- différence de définition d'un système à l'autre (souvent fonction de la capacité mémoire, donc directement lié au coût) ;

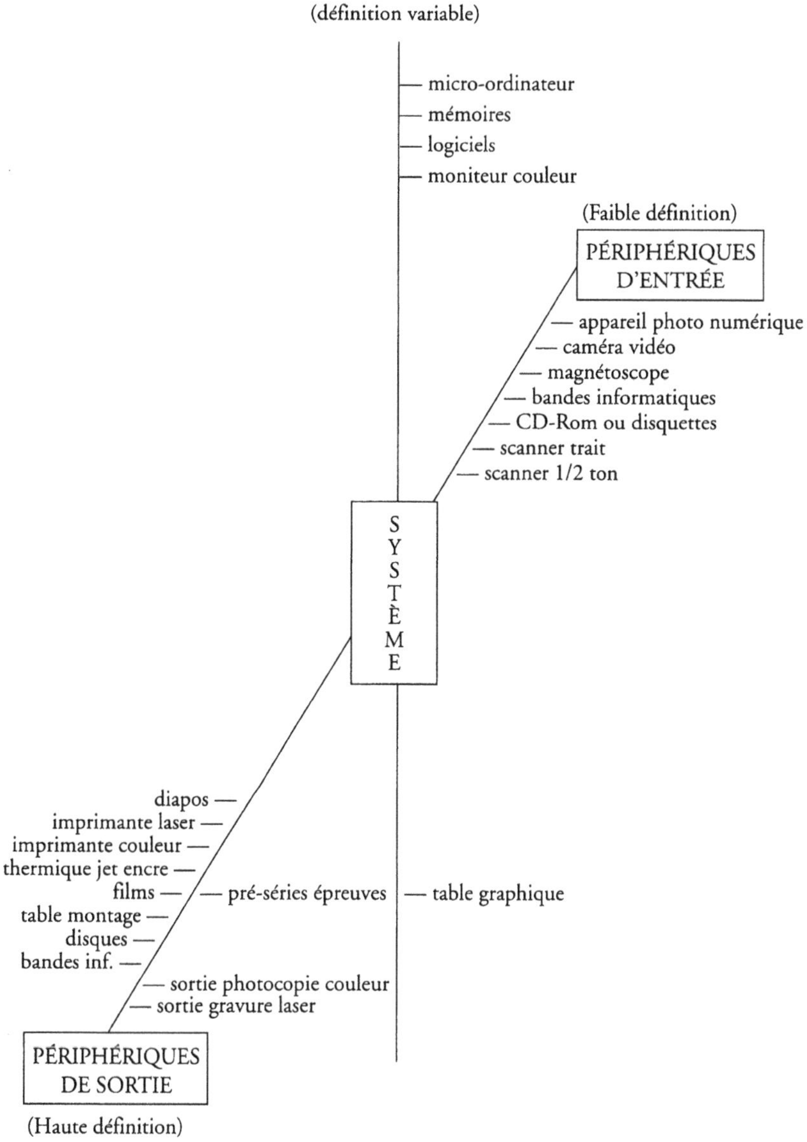

Système électronique global

- différence de définition entre les périphériques d'entrée (*faible* définition utilisée pour la création qui n'a pas besoin d'une capacité importante) et les périphériques de sortie (*haute* définition insuffisante parfois pour prendre en compte les contraintes techniques de production d'imprimerie) ;
- différence de langage d'un système à l'autre (compatibilité ou incompatibilité entre systèmes), hormis l'emprise grandissante du langage postscript ;
- rupture graphique entre la création et la fabrication en héliogravure et inadéquation de passage direct à la gravure des cylindres ;
- le packaging exige déjà de passer en système *3 dimensions* (3 D) ;
- transmission non structurée, durée coûteuse et longue, réseaux à mettre en place à terme ;
- limitation de format pour les sorties d'épreuves.

En fonction de la *différence de travaux à exécuter ainsi que de la rentabilité*, il s'avère fort probable que les *systèmes éclateront en éléments par profession*. Actuellement, nous restons tributaires des messageries rapides avec transmission de bandes informatiques ou disques.

Stratégies pour une entreprise

- Soit consolidation des activités graphiques : publicité, édition, packaging, PLV et intégration d'un système global exploité au sein du service marketing.
- Soit incitation des partenaires à investir des systèmes et s'équiper d'un module compatible avec les systèmes de chacun, afin de pouvoir dialoguer mais, surtout, de pouvoir récupérer les éléments de création ou de marketing pour exploitation en production.

Choix du matériel

- Avant tout, il passe par la condition d'équipement des fournisseurs et l'établissement de cahier des charges entre partenaires.
- L'équipement choisi devra être compatible avec les leurs et surtout évolutif (la poussée de la micro-informatique oblige les monopoles de gros systèmes à s'ouvrir sur un langage standard).

- Dans le cas de l'acquisition de système de dialogue, s'orienter sur un matériel de faible coût, flexible, souple, pouvant même être utilisé à d'autres fins : gestion par exemple. Il devrait se composer à l'heure d'aujourd'hui :
  - d'un micro-ordinateur,
  - d'un moniteur couleur avec logiciel,
  - d'une table graphique,
  - d'une imprimante couleur.

Il y aura lieu d'analyser les coûts matériels et ressources humaines et de vérifier si un tel investissement s'avère rentable.

Ressources humaines

L'intégration d'un système ne peut s'envisager sans l'investissement d'un spécialiste à la fois créatif, maîtrisant l'imprimerie-production labo et l'informatique. Il faut savoir qu'une formation minimum de six mois s'avère impérative.

Développement

En fonction de l'évolution des techniques et technologies des systèmes, on pourra, dans le temps, compléter l'équipement initial de périphériques d'entrée et/ou de sortie, selon la façon dont les travaux packaging pourront évoluer également.

Conclusions – Objectifs

Sous réserve de la pénétration des « systèmes » dans l'industrie graphique et de l'équipement indispensable des différents partenaires, les objectifs à se fixer sont :

- plus grande maîtrise des travaux de production des packagings dans la chaîne graphique ;
- recevoir l'image afin de pouvoir dialoguer :
  - en amont, avec les agences de création,
  - en aval, avec les spécialistes de la production graphique ;

- réduction des délais : estimation 50 % ;
- minimisation des erreurs : estimation 20 % ;
- économies (à chiffrer) consécutives : à l'accroissement de productivité, à la diminution des matières premières mises en œuvre, à la diminution des documents d'exécution et des documents intermédiaires... ;
- amélioration de la qualité : réduction des manipulations, meilleure précision de montage, etc. ;
- réalisation possible d'épreuves et de pré-séries à des stades différents, mais avant fabrication, permettant :
  - assistance de décision,
  - test en situation consommateurs-magasins,
  - édition publicitaire de lancement.

La prochaine étape sera de supprimer le film pour sortir directement les formes imprimantes propres à chaque procédé d'impression. À ce jour, il y a rupture, incompatibilité et reprise du travail sortant des systèmes.

Les années 2000 devraient être révélatrices dans ce domaine et préparer l'explosion des méthodes graphiques de la nouvelle décennie.

La réalisation des maquettes rough

La conception

La conception packaging est parfaite lorsqu'un travail de réflexion créative a été entrepris, d'une part concernant l'habillage graphique, d'autre part concernant le volume, la forme, ou le matériau utilisé.

Les matériaux et les techniques de fabrication d'aujourd'hui permettent une créativité presque libre concernant la réalisation de volumes et de formes.

L'habillage graphique doit représenter la meilleure harmonie possible entre le volume, le graphisme de marque, le visuel principal, les couleurs, les typographies utilisées.

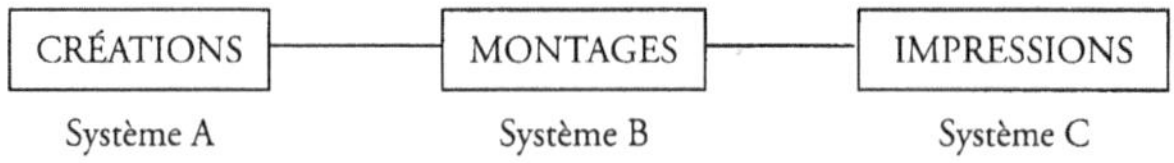

SYSTÈMES A – B – C : investissements lourds et problèmes de discontinuité de définitions graphiques

SYSTÈMES A ≠ B ≠ C : investissements approprié à chaque profession et utilisation.
Problèmes de compatibilité des systèmes entre eux

LIAISONS À ÉTABLIR :

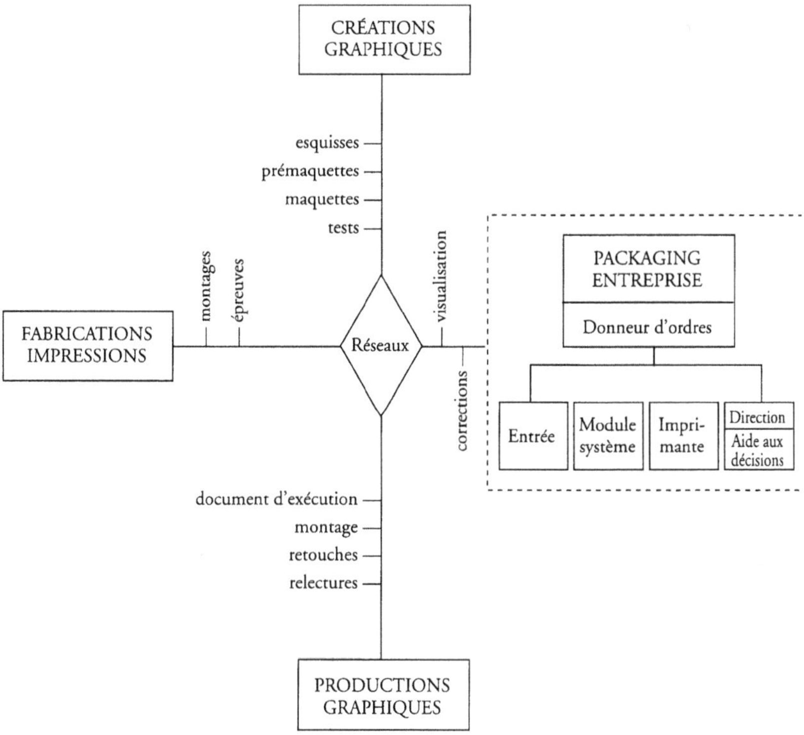

Les intervenants de la chaîne graphique

Il faut penser dès ce stade du travail aux évolutions futures du graphisme, celles-ci étant souvent liées aux phénomènes de mode. *La durée de vie moyenne d'une construction graphique est de 18 mois à 2 ans pour un produit de grande consommation alimentaire.* Elle est de 6 à 8 mois sur le marché japonais. La conception graphique d'un packaging, ainsi que sa forme doivent avoir une personnalité très forte et néanmoins adaptée au marché.

Trois objectifs :

- attirer le regard du consommateur,
- être identifié,
- être reconnu.

L'ensemble doit rester cohérent en regard du produit et de son environnement.

Il ne s'agit pas de faire n'importe quoi et de surprendre pour surprendre à n'importe quel prix.

Nous devons considérer le produit dans son individualité et dans son marché, autrement dit dans son linéaire et dans l'homogénéité imposée par le linéaire qui l'accueille.

En conception packaging, il n'existe pas de recette, chaque cas est un cas particulier, qui devra prendre en compte les données du marché, ainsi que les contraintes diverses concernant votre produit.

Les maquettes rough ou projets créatifs

Après avoir défini pour le travail concerné l'accroche rédactionnelle, le visuel principal, la forme, le nombre de couleurs, après avoir pris en compte le brief du client, les normes à respecter, le contenu rédactionnel et tous les paramètres du marché, et alors, seulement, le créatif peut se mettre au travail.

Il va réaliser ce qu'on appelle le rough, qui correspond à un dessin enlevé d'une proposition susceptible d'être retenue par le client.

Le créatif devra toujours réaliser plusieurs propositions.

Il existe deux types de rough :

- des roughs très enlevés, appelés aussi planches concepts ; ceux-là sont moins précis et d'un format plus réduit, mais permettent compte-tenu du temps passé d'en réaliser un plus grand nombre.

  Ils nécessitent de la part du client une capacité d'interprétation du travail terminé plus grande.

  Sur ces planches concepts, les textes n'apparaissent pratiquement pas, sauf sous forme de « bolo-bolo » (faux texte), équivalant simplement à un trait de positionnement. Seules les accroches sont écrites à la main en toutes lettres ;

- le deuxième type de rough traité en CAO plus couramment utilisé en packaging présente le document en format réel.

  Ces roughs sont un peu plus soignés dans la réalisation et présentent l'accroche rédactionnelle ainsi que tous les titres, avec un choix typographique précis.

  Ce type de rough ne nécessite pratiquement aucune capacité d'interprétation de la part du client, car il est le reflet très fidèle du document définitif.

Il existe une technique qui consiste pour certains créatifs à vous proposer des projets dans lesquels ils croient fermement, et à vous présenter en parallèle des projets en lesquels ils ont moins de foi, appelés parfois projets « repoussoirs ».

Il est important de ne jamais choisir par défaut ou par dépit. Le choix ne doit pas se faire par comparaison entre ce qui vous est présenté, mais bien par comparaison entre ce qui se fait de bien ou de moins bien sur le marché concerné, et par la cohérence avec votre brief.

Vous ne devez pas hésiter dans la mesure où vous pouvez exprimer clairement ce qui ne vous convient pas, à faire refaire d'autres maquettes rough.

À ce niveau du travail, il est facile de comprendre l'importance d'un brief bien fait, mais aussi de la compréhension de ce brief dans ses moindres détails par les créatifs qui vont réaliser les roughs.

Règles visuelles

Constructions graphiques

Ces éléments, très théoriques, vont vous permettre de mieux comprendre les règles de base de la création et de la mise en page :

La ligne : le point à lui seul peut être une forme, une force. Un seul petit point sombre sur une grande surface blanche accroche le regard. La ligne est une succession de points ; sa position et son sens vont en déterminer des impressions différentes.

- L'horizontale : sentiment de tranquillité, repos, calme.
  Déplacement et rapidité.
  C'est une ligne facile, qui va dans le sens de nos yeux.
- La verticale : équilibre, partage, justice, régularité, droiture. Lisibilité plus difficile.
- L'oblique : ascendante, donc difficulté, mais volonté de réussite. Élan, passion.
  Descendante : chute, vertige, obligation de regarder vers le bas, y être entraîné malgré soi.
- Les angles : énergie, action ; guerre, éclatement (BD).
  Poids donc écrasement.
  Agressivité.
- Ligne brisée : agressivité, violence, énergie.
  Éclair, rythme, bruit, angoisse, dépression.
- Ligne courbe : douceur, grâce, gaieté, instabilité, féminité, mollesse, paresse, naïveté, euphorie.

L'épaisseur d'un trait peut lui ajouter une idée supplémentaire :
- ligne fine : impression de délicatesse et d'élégance ;
- ligne épaisse : énergie, volonté, poids ;
- ligne longue : vivacité mais fragilité ;
- ligne courte : souplesse.

La forme : en packaging, toutes les formes doivent se ramener à des formes géométriques régulières ou irrégulières.

- Le carré : stabilité, régularité, robustesse, rigidité, volonté.
  Sur la pointe : instabilité, équilibre.
- Le triangle : agressivité, mouvement, légèreté.
  Équilatéral : équilibre, mesure.
  Isocèle : volonté, mouvement, élévation, équilibre.

- Le losange : élégance, goût, recherche, masculinité.
- L'ovale : distinction, souplesse, féminité.

Les figures géométriques irrégulières traduisent le désordre et l'instabilité. Attention : la psychologie des formes est différente selon les cultures.

Le rythme : dans une mise en construction packaging, on obtient le rythme en organisant la répartition des formes, des blancs et des noirs, de la couleur et des vides, des textes et des illustrations. En les articulant autour d'un centre d'intérêt, la rupture de rythme peut produire le même effet paradoxal.

Le mouvement : l'attention éveillée par la forme, la ligne, la couleur, est accentuée par le mouvement. Le mouvement est possible dans sa réalité (cinéma, TV, étalages, écrans vidéo), il ne l'est plus en packaging... dans le sens propre du mouvement ; il faut alors le suggérer.

La flèche d'indication donne une direction à suivre. Le regard obéit au même réflexe chaque fois qu'une indication est donnée par une forme, un groupe d'éléments, une suite de dessins et de textes disposés de façon à provoquer un mouvement de direction. La représentation d'objets en mouvement est préférable aux objets inertes. Si l'on répartit les formes entrant dans la composition d'une mise en page, on peut encore créer le mouvement dans le plan.

Des formes juxtaposées peuvent donner une impression de profondeur, en dehors de toute perspective. La perspective, la direction d'un regard, la position d'un personnage, accentuent la profondeur ainsi que la direction.

Le mouvement, c'est l'apport suggéré d'une troisième dimension (relief) sur un plan bidimensionnel. La couleur ajoute au relief (tons rentrants, tons sortants).

Sens de lisibilité : nos habitudes de lecture déterminent un déplacement du regard dans la forme. D'une manière rapide et schématique, l'œil traverse en diagonale un format.

La composition : c'est la manière de réunir esthétiquement les divers éléments d'un packaging, afin que l'ensemble soit agréable à la vue.

- Composition symétrique
- Règle de compensation : les grandes masses vers le centre les petites masses vers les marges ; densité/coloré : milieu et premier plan ; harmonies plus douces : bord et fond.
- Règle d'or : la surface du dessin est divisée en 3 parties horizontales et 3 parties verticales. On évite ainsi la symétrie en localisant les éléments.

Organisation des surfaces : dans une forme donnée, la répartition des surfaces doit être organisée. Une mise en page en packaging demande une étude de mise en place des différents éléments qui la composent (textes, photos, illustrations). Une forme appelle une contre-forme. La position des éléments, leur direction, leur importance doivent être étudiées en fonction du cadre et du fond. Leur assemblage peut engendrer le cahot ou l'harmonie. La recherche de cet assemblage en vue de faciliter le rôle du message visuel que l'on veut transmettre doit être organisé. C'est ainsi qu'un point sur une feuille blanche détermine déjà une division de l'espace. Rien ne doit être laissé au hasard, ne serait-ce qu'un seul mot dans une phrase.

La maquette finalisée

La maquette finalisée est un stade important en packaging, qui intervient une fois les maquettes rough réalisées.

Il s'agit d'effectuer une sorte de prototype en volume du produit final. Ce travail est réalisé par l'agence de création, et permet en tout premier lieu de « fixer » de façon précise toutes les idées et travaux de création.

La typographie, les couleurs, les accroches, les textes, les illustrations, les volumes et tout ce qui est destiné à apparaître sur le packaging définitif, figureront sur la maquette finalisée.

La maquette n'a pas pour unique fonction de marquer le passage du stade de la création au stade de la fabrication.

Elle peut également être utilisée soit pour réaliser des prises de vues (par exemple pour un argumentaire de vente), soit pour effectuer des pré-tests packaging, ou bien encore pour être présentée aux fournisseurs qui doivent assurer la réalisation du produit (cela évitera des erreurs d'interprétation notamment au niveau des devis, et permettra une meilleure compréhension du produit).

La maquette finalisée est réalisée en PAO par un exécutant ; c'est en effet un document d'exécution, mais en volume et en couleurs.

Toute la préparation est identique à celle d'un document d'exécution.

La sous-traitance

Selon la taille de l'entreprise, il est bien certain que les structures s'avèrent très différentes. Elles peuvent se situer d'une intégration totale à une décentralisation globale.

Si l'entreprise manage elle-même son marketing avec une politique commerciale bien en place, elle peut prendre en charge des étapes packaging et assurer une coordination générale avec ses différents partenaires.

Dans le cas d'un manque de structure, la sous-traitance globale s'imposera.

Le choix des étapes à sous-traiter

La parfaite maîtrise de ses réalisations est toujours intéressante, et la prise en charge de création/fabrication est source de formation. Dans le cadre d'une sous-traitance globale, il faudra un leadership, qui sera seul responsable, ce qui facilitera le suivi des dossiers.

Dans le cadre de la sous-traitance partielle, les échanges devront être très clairs, et il faudra chaque fois s'assurer de la parfaite compréhension des problèmes posés de la part des intervenants.

Les risques seront plus marqués compte tenu de responsabilités partagées et de l'instauration de rejet de responsabilité entre les partenaires. Il faudra cristalliser et créer une équipe.

Si la sous-traitance est globale, une vigilance toute particulière sera nécessaire afin de ne pas se laisser entraîner par le responsable à des dérives d'objectifs.

Selon l'importance du travail, il est possible pour des raisons d'économie et de temps, de réaliser certaines étapes en interne. En revanche, il faut sous-traiter toutes les étapes techniques (tableau page précédente).

Sous-traiter ne veut pas dire dégager sa responsabilité. Il faut comprendre et suivre le travail réalisé pour l'entreprise.

Il ne faut jamais changer de direction sur l'aspect général du packaging parce que tel ou tel fournisseur explique au cours du travail d'éventuels problèmes techniques. C'est son rôle de les prévoir au début du travail, à lui de trouver la ou les solutions qui donneront satisfaction.

Les étapes à traiter en interne et à sous-traiter

Étapes qu'il est possible de réaliser en interne	Étapes à sous-traiter
Les choix stratégiques de positionnement	Les tests
Le brief	Les prises de vue ou illustrations
La connaissance de l'environnement produit	L'exécution des documents
Le contenu rédactionnel	La photogravure
La marque	L'impression
Les normes à respecter	
Le dépôt de marque	
La signature du produit	
La première réflexion de stratégie d'implantation merchandising	
La définition des contenances	
Les tests	

Les critères de choix des sous-traitants

Pour sélectionner les prestataires de service, le premier critère de jugement est le respect :

- des délais,
- de la qualité,
- des devis.

Le deuxième critère est l'attitude des fournisseurs face à une difficulté ou un imprévu :

- sont-ils positifs ?
- sont-ils constructifs ?
- sont-ils imaginatifs ?
- sont-ils tout simplement présents ?

Les devis comparatifs aident à juger de leurs performances en termes budgétaires. Le respect de la parole donnée, et la rapidité de réaction par rapport à une demande, doivent être un critère de jugement de leur efficacité.

➤ L'agence de publicité

Le choix d'une agence de communication globale non spécialisée pour la réalisation de packagings doit se faire en fonction d'un budget de communication ultérieur pour la société. La réalisation d'un packaging peut être un bon moyen pour tester leurs performances et leur capacité à défendre les intérêts de l'entreprise avec un plus gros budget.

Les agences de publicité sont devenues trop généralistes ; le problème packaging est devenu de plus en plus complexe, de telle sorte que des spécialistes du design produit et packaging ont fait leur apparition en nombre ces dernières années.

➤ L'agence de création packaging

Compte tenu des échanges fréquents liés à la réalisation de tout packaging, il est nécessaire que l'agence soit facilement accessible en transport, de façon à pouvoir organiser fréquemment des visites permettant de constater l'évolution du travail.

Si l'agence sélectionnée n'est pas proche de l'entreprise (cela sera certainement le cas pour les sociétés en province), il est nécessaire de s'assurer qu'une personne, idéalement le commercial de l'agence, sera à même d'apporter la disponibilité et la fréquence de déplacement nécessaire.

Indépendamment de ces critères de disponibilité géographique, le choix de l'agence de création packaging est fonction de ses références clients, du secteur d'activité dans lequel elle a tendance à se spécialiser, de sa taille par rapport à la masse de travail à lui confier, de son niveau d'équipement, mais surtout de son attitude volontaire par rapport à un premier travail.

Il est nécessaire, avant d'entamer toute collaboration, de s'assurer qu'elle ne travaille pas avec des sociétés trop directement concurrentes à la vôtre : en effet, malgré la grande discrétion déontologique présente en permanence à l'esprit de chacun, il peut toujours y avoir des

« fuites ». Cette remarque ne s'applique pourtant pas aux produits à fort caractère (par exemple les parfums, etc.), pour lesquels il sera de toute façon impossible au vu de leur personnalité, de s'exprimer graphiquement de manière identique.

➤ Le photograveur

Pour l'offset, il existe trois catégories de photograveurs :

- ceux qui travaillent pour la presse, qui sont en général très bon marché et de qualité moyenne ;
- ceux qui travaillent pour la publicité, qui sont en général très chers et de bonne qualité, et très rapides ;
- ceux qui travaillent pour l'imprimerie, ou les fabricants d'emballage, qui présentent un bon rapport qualité-prix, avec des délais plutôt longs.

Le choix du photograveur sera parfois fait par l'imprimeur. Il est pourtant souhaitable d'effectuer soi-même le choix en considérant les trois catégories ci-dessus.

Pour les autres techniques d'impression (hélio, flexo, typo, etc.), il est recommandé de laisser l'imprimeur sélectionner le photograveur avec lequel il souhaite travailler, et ce, compte tenu de la complexité des échanges techniques.

➤ Les imprimeurs/transformateurs/emballeurs

Le choix de l'imprimeur est fonction :

- de ses équipements,
- de ses références,
- de sa disponibilité,
- de ses tarifs.

L'équipement est important. Selon le travail fourni, il est nécessaire de savoir s'il est équipé de machines 1, 2, 3, 4 couleurs ou plus ; en effet, si le document à imprimer est en 4 couleurs, un imprimeur, équipé d'une 2 couleurs, aura deux possibilités : ou passer deux fois dans la même machine, ou sous-traiter le travail chez un de ses collègues, ce qui équivaut dans les deux cas à un surcoût et à des délais plus longs.

La disponibilité ne peut se vérifier qu'à l'usage, il est donc indispensable de se renseigner à ce sujet. Elle se traduit par des délais extrêmement raccourcis, ainsi qu'une meilleure qualité du travail fourni.

Plus l'imprimeur est équipé, moins il sous-traite, plus il a pour souci de faire tourner ses machines le plus souvent possible. En conséquence, il sera beaucoup plus vigilant sur ses prix.

CHAPITRE 5

Le packaging dans le marketing-mix

Qu'est-ce que le marketing-mix ?

POUR METTRE EN VENTE un produit, il faut impérativement mettre en œuvre toutes les composantes liées au contenant, au contenu, aux technologies de fabrication, aux techniques de conditionnement et d'impression, ainsi qu'à sa communication et à son offre consommateurs. De ce fait, l'emballage accompagne le produit de sa naissance à sa consommation, il est présent à tous les niveaux.

Le marketing-mix, c'est l'optimisation de tous les éléments du *concept-global* intégrant les aspirations des consommateurs.

Le marché

Que savez-vous :

- du marché national ?
- du marché régional ?
- du marché local ?

Il est nécessaire d'en connaître toutes les particularités ; il existe à ce sujet de nombreux panels. Mais sans avoir forcément recours à ceux-ci, il vous est possible d'avoir une analyse même sommaire à partir de vos statistiques internes.

La concurrence

Elle peut être :

- nationale,
- régionale
- ou locale.

Vous devez absolument tout savoir d'elle, mais surtout tenir compte de ce que vous savez. En ce qui concerne la collecte d'informations, il ne faut négliger aucune piste, mais il ne peut être envisageable de tenir compte d'une information sans en avoir vérifié la valeur.

Tout savoir / En tenir compte

Quelles sont les premières forces ou faiblesses de vos packagings ?

	Forces	Faiblesses
Est remarqué en linéaire	68,7 %	4,6 %
Donne envie d'acheter le produit	67,1 %	9,3 %
Présente clairement les avantages	39,0 %	34,3 %
Préserve le capital confiance de votre marque	57,8 %	3,1 %
Autre	1,09 %	1,5 %

Vos faiblesses profitent-elles à vos concurrents ?

oui : 48,4 % non : 29,6 %

ne se prononcent pas : 22 %

La cible

- À qui est destiné votre produit ?
- Est-il l'utilisateur final ?
- Est-il l'acheteur ?

Il est nécessaire de choisir une cible la moins large possible, car en effet chaque cible a son langage, ses attentes, ses contraintes.

Plus la cible est large, moins votre message aura de force vis-à-vis de chacun.

➤ Les objectifs

De plus en plus de produits similaires étant apparus sur le marché, il est nécessaire pour les différencier de donner à chacun à travers le packaging une image de marque différente.

Aujourd'hui, il n'existe aucun produit qui n'ait pas de concurrents. Le packaging, bien que respectant ses contraintes de contenance, est un moyen de communication, qui promet certains avantages aux consommateurs, et qui le distingue de ses concurrents.

Depuis la naissance des premiers packagings, l'on constate que ceux-ci évoluent au fil du temps, en fonction des phénomènes de mode, ou bien même en créant la mode.

➤ Le message

Le message consiste à présenter de façon la plus percutante possible l'avantage pour la cible de s'intéresser à vous plutôt qu'aux autres. Il doit présenter de façon évidente la ou les différences de votre produit ; le message pourra être visuel ou rédactionnel.

Les contraintes légales de la création

Chaque catégorie de produit, alimentaire ou non alimentaire, toxique ou non toxique, etc., supporte une réglementation particulière, dont il faut largement prendre connaissance. Cette connaissance juridique est vécue au quotidien par de nombreuses personnes de l'entreprise, qui doivent être consultées dans ce domaine très spécifique.

En ce qui concerne les distributeurs, il faut demander aux fournisseurs d'indiquer ces contraintes légales, avant d'aborder toute réalisation packaging.

Les textes qui seront apposés sur les packagings devront avoir été relus et corrigés par un juriste spécialisé, eu égard aux législations en vigueur pays par pays, avec à terme l'harmonisation des règlements dans le cadre de la Communauté européenne, ainsi qu'à la validité des marques, signatures, logos, etc., qui doivent généralement être déposés afin de pouvoir être protégés.

Les peines encourues ne sont pas excessives, à condition de pouvoir prouver sa bonne foi, sans avoir bien sûr engagé de risques pour les consommateurs. La loi est en effet assez tolérante, car elle ne peut prévoir tous les cas de figure de nombreux nouveaux produits arrivant sur le marché chaque année.

Les normes à respecter

➤ Les normes graphiques

Existe-t-il une règle graphique propre à l'entreprise, appelée aussi « identité visuelle », « bible d'entreprise », ou « livre des normes » ? Si cela est le cas, il faut être en mesure de fournir à l'interlocuteur packaging soit des exemples de travaux réalisés respectant cette identité, soit la « bible ».

Dans tous les cas, il sera indispensable de remettre un fichier numérique du logo comportant le sigle de la société, l'adresse complète, ainsi qu'une éventuelle signature d'entreprise.

S'il existe une règle typographique définie, des couleurs imposées ou d'autres contraintes de présentation graphique, il est indispensable de bien les indiquer dès le commencement du travail.

➤ Les normes code à barres

L'enteprise doit remettre le type de code à barres à imprimer avec les chiffres correspondants, la gamme d'imprimabilité et le facteur de grossissement dont découle la dimension du code à barres.

➤ La législation

Il faut naturellement connaître la législation en vigueur pour chaque type de produit (frais, conserves, semi-conserves, etc.), ainsi que les réglementations d'exception d'usage.

Doivent être précisées en particulier les mentions adresses comportant selon les cas : identification de la personne physique ou morale responsable de la fabrication, des conditionnements ou de la commercialisation de la marchandise. Cette adresse, selon les produits, sera ou non complétée par le numéro du fabricant (FAB…) ou le numéro de l'emballeur (EMB…) et/ou les mentions légales et cachets sanitaires appropriés.

Dans le domaine industriel, il en est tout autrement que dans le domaine agro-alimentaire, il faudra donc se référer aux usages.

Le dépôt de la marque auprès de l'INPI

Créé par une loi du 19 avril 1951, l'INPI (Institut national de la protection industrielle) est un établissement public chargé de l'application des lois, des règlements et des accords nationaux et internationaux concernant la propriété industrielle, ainsi que de la tenue des registres centraux du commerce et des métiers. Son directeur est également le chef de service de la Propriété industrielle du ministère compétent. Cette structure permet de traiter dans un cadre unique l'ensemble des problèmes de propriété industrielle, tant au niveau de la conception qu'à celui de l'exécution.

Avant d'engager la réalisation des maquettes, il est souhaitable d'effectuer le dépôt de la marque auprès de l'INPI.

Un signe servant à distinguer les produits, objets ou services d'une entreprise peut être protégé en le déposant à titre de marque. La propriété de la marque s'acquiert exclusivement par le dépôt, dont la durée d'effet est de 5 ans. Des dépôts successifs ne permettent plus de conserver indéfiniment la propriété de la marque. Celle-ci doit être utilisée au moins une fois tous les 5 ans.

Les droits conférés par le dépôt en France s'étendent aux territoires d'outre-mer et européens (avec demande d'extension). Pour se protéger à l'étranger, il faut faire un dépôt dans chacun des pays concernés en se conformant à la législation de ces pays, ou bien en effectuant par l'intermédiaire de l'INPI un dépôt international.

☞ **Remarque**

Pour déposer une marque, se reporter aux indications données dans le *Guide du Déposant* édité par l'INPI.

Avant d'effectuer ce dépôt, il est impératif de réaliser une recherche d'antériorité pour savoir si cette marque a déjà fait l'objet d'un dépôt, et si elle est utilisée. En effet, toute marque déposée qui n'aurait pas été utilisée au bout de 5 ans, réappartient au domaine public.

Il est souhaitable, lors du dépôt de marque, de déposer plusieurs déclinaisons possibles de la marque, déclinaisons phonétiques ou grammaticales.

Il est possible d'effectuer le rachat d'une marque peu ou pas utilisée auprès d'une autre société l'ayant déjà déposée, ceci se réalisant le plus souvent à moindre coût. Toutefois il faut savoir qu'il existe sur le marché des sociétés ou des personnes dont la profession consiste à déposer des marques en grande quantité pour les revendre ensuite.

Le dépôt d'un packaging

Il est possible de protéger un packaging à travers son « design volume » et son graphisme en cas :

- de dessin nouveau ;
- de forme plastique nouvelle ;
- d'un objet industriel se distinguant de ses similaires, soit par une configuration qui lui confère un caractère de nouveauté, soit par des effets extérieurs qui lui donnent une physionomie propre et nouvelle.

La première étape consiste à déposer une enveloppe Soleau auprès de l'INPI. L'enveloppe Soleau était à l'origine destinée aux créateurs de dessins et modèles, comme moyen de preuve de la création. Utilisée souvent en matière d'invention, elle ne remplace jamais le brevet et n'assure en aucun cas une protection, ni ne fait naître de monopole. Elle a simplement pour objet de prouver qu'à la date de son dépôt, son auteur était en possession de l'invention.

Ensuite, le dessin ou le modèle est déposé :

- pour donner une date certaine à sa création ;
- parce que le dépôt constitue une présomption de propriété en faveur du déposant ;
- parce que le dépôt confère à celui-ci ou à ses ayants cause un droit exclusif de les exploiter, de les vendre ou de les faire exploiter ;

- parce que le dépôt permet d'utiliser la procédure particulière de saisie et de poursuite en contrefaçon.

La protection est de 5, 25 ou 50 ans maximum et doit être effectuée à l'INPI ou au greffe du tribunal de commerce du domicile du déposant lorsque ce domicile est situé en dehors du département de Paris. La protection conférée par le dépôt en France s'étend aux territoires d'outre-mer. Il est également possible d'effectuer un dépôt dans chacun des pays où l'entreprise désire se protéger, ou d'effectuer un dépôt international à l'Organisation mondiale de la propriété intellectuelle (OMPI).

Les droits d'auteurs

Concernant les *droits d'auteurs* d'illustrateurs, de photographes ou de mannequins, il faut toujours préciser, avant la réalisation, l'usage qui sera fait des packagings, et payer l'ensemble des droits qui reviendra à chacun pour chaque utilisation.

Les devis doivent indiquer le montant de ces droits, leur durée dans le temps, les supports concernés, le territoire d'utilisation.

Il est possible de négocier le travail avec les différents prestataires, tous droits cédés, ce qui coûtera un prix de départ, et rien par la suite.

Les droits d'auteurs des créations en packaging appartiennent à l'agence. Il est nécessaire de clarifier ce point au début du travail au moyen d'un contrat, et de leur demander de prévoir dans leurs tarifs de céder systématiquement leurs droits à l'entreprise.

Les licences *

Vous souhaitez donner à vos produits l'image d'un autre produit existant déjà dans d'autres domaines (cosmétique luxe, etc.), et possédant plus de notoriété que le vôtre. De façon ponctuelle ou permanente, vous pouvez à cet effet acquérir une licence.

Vous bénéficierez immédiatement de la notoriété et de l'image déjà acquises par la marque, le personnage, l'événement, avec un développement beaucoup plus court.

* Source : documentation SNDD.

➤ Première étape : quels **types de licence** ?

- Personnages (de bandes dessinées, Astérix, Tom et Jerry, de séries télévisées, Cosmocats, Bibifoc) ;
- événements (Rallye Paris Dakar) ;
- personnalités (Michel Platini/sport, Alain Delon/cinéma) ;
- marques de prêt-à-porter (Cacharel, Pierre Cardin) ;
- autres marques (Hollywood Chewing Gum, etc.).

➤ Deuxième étape : **pourquoi acquérir une licence** ?

Vous êtes fabricant de produits et/ou distributeur dans un des secteurs suivants :

- jouet,
- habillement,
- textile,
- parfumerie,
- maroquinerie-chaussure,
- bijouterie,
- horlogerie,
- papeterie-cadeaux,
- arts de la table,
- édition – promotion – publicité – musique – vidéo.

Le problème est de sélectionner ces « locomotives ». Trois critères doivent vous guider dans votre choix :

- *Notoriété acquise*
- Quelle est sa puissance ?
- Depuis combien de temps existe-t-elle ?
- Quel est son développement international ?
- Comment est-elle diffusée… ?

- *Image*

Y a-t-il parfaite adéquation entre l'image de la marque, du personnage, de la personnalité, etc., et le produit que vous désirez lancer ? (niveau de gamme, qualité, âge du cœur de la cible, type de distribution, etc.).

• *Communication et exposition publique*

Vous devrez, pour bénéficier au maximum d'une telle licence, apprécier les efforts de communication prévus :

- Marques, événements : budget et type de communication (publicité télévisée, presse, opérations promotionnelles, relations publiques...) ;
- Personnages : programmation de la série télévisée, sorties d'albums, animations prévues : publicité éventuelle des produits leaders.

➤ **Troisième étape : avec qui ?**

Vous pouvez avoir en face de vous deux types d'interlocuteurs :

• *Les ayants droit*

Il s'agit des personnes qui possèdent à la base les droits :

- les propriétaires des marques,
- les concepteurs, dessinateurs, auteurs, éditeurs,
- les personnalités ou leurs managers.

• *Les Agents*

Ce sont les personnes mandatées par les ayants droit pour commercialiser leurs droits.

Vous devez vous assurer que votre interlocuteur est bien le détenteur des droits ou son mandataire, en cas de doute adressez-vous au Syndicat national des droits dérivés (SNDD).

➤ **Quatrième étape : comment ?**

Vous devez savoir qu'une telle négociation s'inscrit soit dans un cadre commercial, soit dans un cadre juridique.

• *Cadre commercial*

Précisions que vous devez donner réponse aux questions suivantes :

- Quels produits ou lignes de produits sont éventuellement concernés ?
- Quels territoires : France, Europe, Monde ?
- Quelle durée : 1 an ? 2 ans ? ou plus ?
- Quels modes de distribution ?

- Quelles utilisations des droits ?
  - quel support,
  - technique d'impression, de moulage,
  - utilisation sur le conditionnement,
  - dans le cadre d'une campagne de publicité,
  - dans le cadre d'une promotion,
  - dans le cadre de PLV.
- Quelles exclusivités souhaitez-vous ?
  - par secteur,
  - par ligne de produits,
  - par territoire.
- Date de début et de fin de contrat. Mode de renouvellement.
- Périodicité des relevés de vente.
- Présence du copyright et du « TM » (*Trade Mark*).
- Modalités de fin de contrat.

Vous avez répondu à ces questions, ce qui vous permet d'aborder la question financière.

Vous aurez à vous mettre d'accord, compte tenu des précisions ci-dessus énumérées, sur :

- la royalty-redevance,
- le minimum garanti à valoir sur les royalties.

- *Renouvellement éventuel du contrat*

Une priorité de reconduction peut être concédée au licencié. Le bon respect du contrat et le dynamisme de l'exploitation de la licence seront déterminants dans la décision de renouvellement.

- *Cadre juridique*

Négociation d'un contrat : les parties présentes sont :

les ayants droit / les agents / les licenciés.

Dans la majorité des cas, les contrats utilisés sont des contrats « types », qui sont adaptés aux opérations spécifiques. Ils contiennent environ

15 articles précisant les obligations et les responsabilités de chacune des parties. La page la plus importante concerne :

- la définition du produit portant la licence,
- la reconduction éventuelle,
- le territoire,
- les royalties,
- la durée,
- le minimum garanti,
- l'utilisation du personnage,
- les exclusivités.

➤ Cinquième étape : combien ?

- *Redevance (Royalty)*

  Il s'agit d'un pourcentage qui varie selon les secteurs d'activité et est calculé sur le prix de vente HT à votre distributeur. Il peut dans certains cas s'appliquer soit sur le prix de vente public, soit faire l'objet d'un forfait.

- *Minimum garanti à valoir sur les royalties*

  Il sera calculé en fonction :

  – du chiffre d'affaires potentiel que vous pensez réaliser sur la durée du contrat (ce calcul doit être réaliste),

  – du pourcentage de royalty,

  – de la durée du contrat.

➤ Dernière étape : la confiance

L'essentiel est d'établir et d'entretenir un climat de confiance, de partenariat avec vos interlocuteurs. (Source : Syndicat national des droits dérivés).

N'hésitez pas à contacter le SNDD qui pourra vous aider à mener à bien votre projet dans ce domaine.

Le choix de la marque et du nom

Comment définissez-vous la marque de votre produit ?

avec l'aide d'une société spécialisée	42,2 %
en travail d'équipe interne	54,7 %
au hasard	0 %
autres	3,1 %

(Agence publicité / Marques internationales déposées / Consolidation du listing des marques possédées par le groupe / Direction générale)

Avez-vous déjà fait travailler des sociétés spécialisées en recherche de marque ?

oui : 64,1 % non : 15,6 %

ne se prononcent pas : 20,3 %

Chaque année, plus de 300 000 marques sont déposées en Europe, et 40 000 le sont en France. L'identité créée doit exprimer le métier, les caractéristiques et la culture de l'entreprise, ainsi que son positionnement.

Nous nous sommes appuyés sur les travaux réalisés par Kotler et Dubois à ce sujet qui nous ont semblé particulièrement intéressants à présenter ici.

Cinq critères de jugement pour la création d'une marque

- Unique : c'est-à-dire originale et créative.
- Spécifique : propre à la personnalité de l'entreprise.
- Cohérente : applicable à toute la communication.
- Déclinable : sur tous les supports.
- Durable : pour résister aux phénomènes de mode.

Cinq raisons justifient l'emploi d'une marque et d'un packaging bien conçu

Pourquoi un fabricant doit-il appliquer une marque sur son produit et lui donner une conception graphique (ou volume) la plus percutante possible ?

- La marque et le packaging facilitent l'identification du produit, et simplifient la manutention et le repérage ;
- la marque déposée, le brevet, le graphisme protègent les caractéristiques du produit contre d'éventuelles imitations ;
- la marque et le packaging véhiculent l'idée d'un certain niveau de qualité attaché au produit, et permettent de fidéliser la clientèle ;
- la marque et le packaging permettent de cibler l'offre sur des segments spécifiques au marché ;
- le nom de la marque, le graphisme du packaging offrent la possibilité d'associer au produit une histoire et une personnalité uniques, capables de justifier une différence de prix.

La marque est un élément de la stratégie produit. Une marque contribue à augmenter la valeur d'un produit, et doit être gérée avec soin. Quelques définitions s'imposent :

- Une marque est un nom, un terme, ou toute combinaison de ces éléments servant à identifier les biens ou services d'un produit, et permettant de le différencier de ses concurrents.
- Un nom de marque est l'élément de la marque qui peut être prononcé, qui est verbal : Renault, Perrier, Total sont des noms de marque.
- Un emblème ou un logo est l'élément de la marque qui est reconnaissable, mais qu'on ne peut pas prononcer : un symbole, un dessin, des couleurs ou un graphisme distinctif. Exemple : les chevrons Citroën, le coquillage de Shell.
- Une marque déposée est une marque ou un élément de marque qui jouit d'une protection en raison de son caractère de propriété exclusive. La marque déposée est essentiellement un terme juridique, destiné à garantir le droit exclusif du vendeur à l'utilisation du nom ou de l'emblème.

Le choix stratégique de la marque

➤ **Les marques fabricant ou marques distributeur**

- Moulinex, IBM ou Renault vendent la quasi-totalité de leurs produits sous leur nom de marque.
- Un fabricant comme Bouvard Biscuits vend presque toute sa production sous la marque distributeur Carrefour. D'autres fabricants comme Jacques Vabre, Lesieur ou Rivoire et Carré, vendent à la fois sous leur marque, et sous des marques distributeur.

➤ **La marque générique ou marque individuelle**

On retient quatre stratégies de marque :

- des noms de marque individuels : cette politique est choisie par certaines sociétés telles que Procter et Gamble (Ariel, Lénor, Pamper, Bonux, Monsieur Propre), ou Lever (Gibbs, Signal, Pepsodent, Omo) ;
- un seul nom générique couvrant tous les produits : cette politique est choisie par Peugeot et Moulinex ;
- des noms génériques pour chaque gamme de produits : cette politique est suivie par Prisunic (marque Prisunic, Kilt, Forza...) et Monoprix (Beaumont, Kerbronec, Gourmet, La Forme, Vite prêt) ;
- la marque déposée de l'entreprise, combinée avec des noms de marque individuels : cette politique est suivie par Gervais Danone (Gervita, Gervillage, Gerfruits, Danessa, Danino, Danette, Dan'up).

Il est souhaitable qu'un nom de marque possède l'une ou l'autre des qualités suivantes :

- évoquer les avantages procurés par l'utilisation du produit ; exemple : Tonigencil, Ronoron, Taillefine, Conforama ;
- suggérer les particularités du produit, telles que l'aspect, la composition, la couleur, etc. ; exemple : Enduialo, Mousseline, Apérifruits ;
- être facile à prononcer, à reconnaître et à mémoriser. Les noms courts sont à cet égard préférables ; exemple : Omo, Bic, Kiri ;
- être distinctif : Kodak, Obao, Vizir, Ofilus.

La double fonction de la marque :
- permettre l'identification du produit ;
- porter les messages pour communiquer et accélérer la pénétration sur le marché.

Méthode de travail pour la création de marque

Il existe six grandes étapes pour mener à bien la création d'une marque :
- Définir le problème marque :
  - recueillir l'information ;
  - déterminer la stratégie marque ;
  - formuler le cahier des charges.
- Créer la marque :
  - production de noms ;
  - sélection des noms pour marque ;
  - contrôle linguistique national et/ou international ;
  - tests de marque.
- Acquérir la propriété de la marque :
  - conditions intrinsèques « Distinctive », « Descriptive », « Législative » ;
  - conditions extrinsèques : similitude ;
  - recherche d'antériorité par pays : à l'identique, en approfondi ;
  - négociations des antériorités ;
  - dépôt de marque ;
  - obtention de la marque : procédures d'enregistrement, procédures d'examen ou d'opposition ;
  - conservation de la marque : renouvellements, formalités de maintien ;
  - défense de la marque : surveillance, règlement des litiges ;
  - visualiser la marque : la visualisation de la marque intervient tant pour le dessin que pour les couleurs sur plusieurs niveaux :

• niveau immédiat : graphisme, sigle, symbole, phrase-vocation, couleur, etc.,
• niveau self-média : design et signalétique assurant la relation avec l'environnement ;

– revaloriser la marque : exploitation directe (livre de normes), accords de licence, franchise, ventes et achats.

Recherche de marques ou prénoms pour produits de l'entreprise

Avant d'entreprendre une recherche de créativité auprès d'agences spécialisées ou d'agences packaging, il s'avère souhaitable d'exploiter les moyens suivants :

- explorer la check-list des marques Entreprise mise à disposition par le service juridique de l'entreprise ;
- négocier éventuellement la cession ou le prêt de marques des sociétés qui possèdent des portefeuilles de noms ;
- faire rechercher par un service juridique les marques disponibles et négociables sur le marché (achat, vente, non-renouvellement de dépôt, etc.) ;
- soumettre à ce service juridique une liste de noms émanant de la réunion de créativité interne.

C'est seulement après l'exploitation de ces différentes méthodes, et si aucun nom ne ressort et n'est déposable, qu'il faudra faire appel à une agence spécialisée en recherche de marque.

Registre de marque déposée ®

- Applications : pour tous les noms, prénoms, marques dans leurs graphismes déposés et exploités sur les packagings des produits de l'entreprise à caractères internationaux, et en particulier aux États-Unis, on procédera à l'apposition du symbole ® en conformité avec le graphisme officiel et d'une taille cohérente avec celle de la marque.

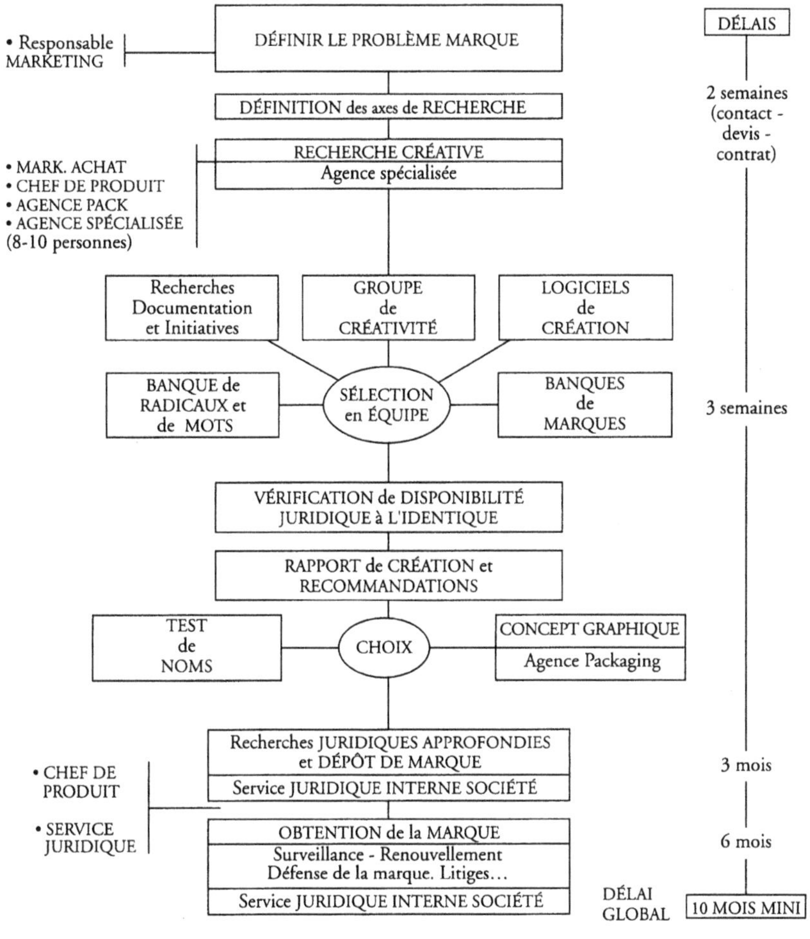

Schéma de recherche de nom

La signature du produit

Il peut être utile, pour confirmer ou affirmer une qualité ou une différence essentielle de votre produit, de rajouter une signature packaging ou une phrase vocation (*baseline*).

Ce type de signature, très couramment voire pratiquement tout le temps utilisé en signature d'annonce-presse, affichage, films TV, cinéma ou radio, l'est encore rarement au niveau des packagings. Dans un proche avenir, cette baseline, signature ou phrase vocation sera un des moyens de différenciation des produits à travers leur packaging.

La baseline ou phrase vocation

Véritable élément de communication du produit, la baseline ou phrase vocation :

- est un élément essentiel de l'identité du produit ;
- s'ajoute au graphisme de la marque avec esthétique et équilibre ;
- met en avant d'une manière concise les traits caractéristiques de la personnalité du produit.

La baseline accompagne la marque du produit de façon permanente. Elle doit être suffisamment spécifique pour exprimer la stratégie de communication de l'entreprise :

- dans l'immédiat,
- à moyen terme.

☞ **Remarque**

Selon les pays de distribution, cette phrase peut être difficile à traduire, ou présenter des connotations culturelles négatives ; il faut en tenir compte lors de sa création.

Elle exprime bien la personnalité et les caractères du produit ; il faut :

- questionner le consommateur pour recueillir ses réactions ;
- faire procéder à des recherches d'antériorité puis faire un dépôt pour assurer la protection de la phrase vocation.

Une baseline doit avoir une expression visuelle parfaitement définie et normalisée. Il faut prévoir un système visuel lui permettant d'accompagner la marque de façon cohérente et durable puis établir un livre de normes.

Le « plus-produit »

Le plus-produit est l'avantage qu'a le consommateur à acheter, à consommer et à utiliser le produit plutôt que celui d'un concurrent.

C'est un avantage direct ou indirect que va procurer le produit à l'utilisateur ; il est essentiel pour justifier l'acte d'achat et marquer la différence de mentionner celui-ci de la façon la plus percutante possible sur le packaging.

Il semble facile de définir ce plus-produit, mais attention : celui mis en avant sur le packaging ne sera pas forcément le plus évident. En effet, si l'argument porte sur une qualité qui ne répond pas précisément à l'attente des consommateurs, cela ne présentera aucun intérêt.

☞ **Remarque**

Selon les pays, le plus-produit peut s'avérer différent, car il est aussi fonction des attentes des consommateurs.

Il sera donc nécessaire de connaître préalablement les attentes des consommateurs, afin d'y répondre à la fois sur le plan technique et sur le plan du message. Une formulation courte et claire pour tous sera préférable à un long discours.

Le message packaging doit être cohérent par rapport au message diffusé ou qui sera diffusé ultérieurement à travers la communication globale de l'entreprise.

Le contenu rédactionnel

Avant de confier un travail à une agence de création, il est nécessaire d'élaborer le contenu rédactionnel et les indications techniques du packaging, en tenant compte de la cible, des objectifs, des attentes des consommateurs, de leurs habitudes, du marché, de la concurrence et de l'usage qu'ils feront du produit.

Le contenu rédactionnel doit être le plus court possible, tout en résumant l'essentiel de ce que avez à dire. Il doit être directif. Il doit être composé d'accroches, de titres, de sous-titres, de paragraphes courts, et d'une ponctuation dense.

> Avez-vous déjà fait travailler des sociétés spécialisées en conception volume packaging ?
>
> oui : 67,2% non : 12,5 %
>
> ne se prononcent pas : 20,3 %

La conception d'un nouveau volume packaging

La conception d'un nouveau volume packaging entraîne parfois de lourds investissements en recherche et en outils de production.

C'est pourquoi il est souhaitable de s'entourer pour cette étape des meilleurs professionnels (ingénieurs, techniciens, etc.), ou bien de mettre en place en interne une structure ponctuelle, compétente et motivée pour faire face à ce travail.

Encore peu d'agences de création packaging sont capables de prendre en charge les conséquences d'un nouveau volume packaging au niveau des prix de revient de production, et sur le plan des aménagements ou des modifications des process de fabrication.

Certaines d'entre elles font dans ce cas appel à des sociétés appelées agences de design industriel, spécialisées en création de nouveaux volumes, avec la prise en charge des procédés de fabrication et des prix de revient. Mais les agences de design industriel sont encore très peu nombreuses, et les études sont la plupart du temps réalisées par les fabricants d'emballage.

Comment définir les contenances

La définition efficace des contenances des produits passe par trois grands axes :

- le premier est le plus important : les attentes et modes de consommation actuels ou prévisionnels de la catégorie de produit ;
- le deuxième concerne les contenances des produits concurrents. Il est impossible d'envisager de vendre un produit dans un conditionne-

ment d'un litre si tous les concurrents le commercialisent dans un conditionnement de 3/4 litre ; en effet, le packaging aura extérieurement pratiquement le même encombrement et le même volume que les produits concurrents, mais sera malgré tout au moins 25 % plus cher ;

- le troisième rassemble les obligations légales liées au marché et à la catégorie du produit.

Un nouveau concept volume packaging fait-il vendre plus ? Pas forcément, s'il n'a pour but que de se faire remarquer par rapport aux concurrents en linéaire. Forcément, s'il apporte au consommateur une réponse à ses besoins ou un avantage d'utilisation, ou bien même s'il renforce positivement l'image du produit (plus de qualités, plus de tradition, apparence moins coûteuse, etc.).

Les conséquences d'un nouveau volume packaging

Avant d'entreprendre le moindre changement en création, il est nécessaire de se poser *toutes* les questions suivantes.

➤ Les ventes

- marché national,
- export,
- ventes annuelles (par unité),
- nombre d'unités vendues en moyenne à chaque client.

Objectif souhaité de vente à chaque client :

- nombre d'unités qu'on voudrait vendre à chaque client,
- moyens de distribution,
- durée moyenne d'exposition du produit dans le magasin de détail,
- prix de vente.

➤ Les concurrents

- Ont-ils fait preuve d'innovation technique ces dernières années ?
- Ont-ils eu du succès ?
- Quels sont les types de conditionnement utilisés par les concurrents ?

- Quel est le prix des principaux produits :
  - sur un rayonnage,
  - dans une vitrine,
  - dans une vitrine intérieure,
  - dans une vitrine extérieure,
  - sur le dessus d'un comptoir,
  - dans l'arrière-boutique.

➤ Les distributeurs

Il est impératif de veiller aux problèmes de merchandising, car tout nouveau volume packaging doit prendre en considération cette contrainte.

Pour la présentation le distributeur emploie :

- le conditionnement tel qu'il est,
- le conditionnement ouvert,
- le produit retiré de son conditionnement.

Le conditionnement doit-il permettre :

- un accès rapide pour démonstration ?
- un empilage des unités ?
- de distribuer des sous-unités ?

Il est également utile de définir les autres caractéristiques qui pourraient rendre service au distributeur.

➤ Les consommateurs

Pour plus de facilité d'utilisation le packaging doit-il :

- porter une notice d'emploi ?
- avoir un système spécial d'ouverture ?
- être un contenant de stockage pour un temps assez long ?
- permettre de fréquentes manipulations ?

Le conditionnement doit-il avoir d'autres caractéristiques pour plaire davantage au consommateur ?

Fabrication du nouveau volume packaging : modèle de fiche pouvant servir à établir les caractéristiques du conditionnement.

Type de conditionnement produit

Répondez par oui ou par non aux questions sur les exigences du conditionnement.

Indiquez d'une croix les tests à faire et en face les spécifications auxquelles il doit satisfaire.

Exigences du conditionnement	oui	non
Le présent conditionnement ne donne-t-il pas satisfaction ?	☐	☐
Une construction spéciale est-elle nécessaire ?	☐	☐
Est-ce seulement un contenant de présentation ?	☐	☐
Doit-il être aussi un contenant d'expédition ?	☐	☐
Doit-il aussi servir au stockage ?	☐	☐
Doit-il protéger contre la casse ?	☐	☐
Doit-il être aussi utilisé comme appareil de distribution ?	☐	☐
Doit-il protéger contre la torsion ?	☐	☐
Doit-il protéger contre l'humidité ?	☐	☐
Doit-il protéger contre les insectes ?	☐	☐
Doit-il protéger contre la lumière ?	☐	☐
Doit-il protéger contre le tassement ?	☐	☐
Doit-il protéger contre la poussière ?	☐	☐
Doit-il éviter les réactions chimiques ?	☐	☐
Doit-il avoir d'autres caractéristiques ?	☐	☐
Doit-il contenir des instructions d'emploi ?	☐	☐
Les conditionnements vides actuels sont-ils faciles à stocker ?	☐	☐
Leur a-t-on déjà apporté des améliorations ?	☐	☐
Sont-ils supérieurs à ceux utilisés par les concurrents ?	☐	☐
Sont-ils économiques à produire ?	☐	☐
Serviront-ils sur le marché national ?	☐	☐
Quel est le délai normal de livraison des conditionnements ?	☐	☐

➤ Les chaînes de fabrication

Celles-ci vont peut-être subir des modifications suite à l'arrivée d'un nouveau volume packaging. Il est important de prévoir ces modifications assez tôt, afin de préparer efficacement le personnel de production à la bonne réalisation de ce changement. Un véritable audit interne sera à prévoir pour mener à bien cette opération.

➤ Les habitudes de production

Elles permettent en général de faire face aux imprévus, et de planifier de façon très précise les capacités de production. Les changements dus à un nouveau volume packaging vont modifier les habitudes, et risquent d'engendrer au début quelques perturbations, en particulier sur le respect des normes ISO ; si ces perturbations sont prévues au début du travail, elles pourront être gérées sans grandes difficultés.

➤ Les chefs de fabrication

Ces hommes, en apparence difficiles d'accès, sont, contrairement aux idées préconçues, très positifs au changement. Ils apportent souvent par leur expérience de nombreuses idées constructives. Il est nécessaire d'organiser des réunions précédant l'arrivée d'un nouveau volume packaging. À ces occasions, leur compétence et leur point de vue, très différent des hommes de marketing, sera indispensable au bon déroulement du travail. Les impliquer dès le début du travail, évite par avance certaines de leurs objections techniques.

➤ Les délais

L'arrivée d'un nouveau volume packaging, de l'idée à l'industrialisation durera en moyenne un an. Il ne faut pas s'engager trop vite en termes de planning auprès des intervenants, car celui-ci évoluera en fonction des contraintes rencontrées.

➤ Les incidences financières

Difficilement chiffrables au début du travail, sauf de façon estimative, elles seront de toute façon assez élevées. Elles peuvent en effet aller de 1 à 10 millions de francs selon les cas.

CHAPITRE 6

La préparation et la réalisation technique de l'emballage

LA RÉALISATION TECHNIQUE de l'emballage fait appel à plusieurs compétences. L'objectif consiste à faire travailler une chaîne d'intervenants complémentaires dont les cultures sont différentes.

Chaque intervenant possède ses propres contraintes et doit *impérativement* intégrer les contraintes de ceux en amont et en aval. Il est de la responsabilité du chef de projet d'assurer la coordination et la communication entre ces intervenants.

Les éléments du facing

La première étape de la réalisation du packaging consiste à rassembler tous les éléments qui composeront le document d'exécution. Ces éléments sont d'une part le contenu rédactionnel et d'autre part le visuel principal. Photo ou illustration, le visuel principal doit :

- présenter le produit clairement,
- être simple et parfait, de très haute qualité (photo ou illustration),
- rassurer sur le contenu,
- permettre une visualisation directe du produit.

Les photos de visuel principal peuvent supporter des variations de coût très importantes. Ceci sera dû à la notoriété des mannequins, à celle du photographe, ainsi qu'aux frais divers liés à la prise de vues.

Le visuel principal devra être en parfait accord avec la marque. Il pourra se présenter sous forme :

- d'illustrations,
- de photos,
- ou d'un mélange des deux.

Dans le cas d'une illustration, le traité ou le style de celle-ci sera défini en fonction de la cible concernée, plutôt :

- bandes dessinées pour les produits enfants,
- hyper-réaliste pour les produits haut-de-gamme,
- graphique pour des produits moyen-de-gamme,
- dessin au trait pour des produits techniques,
- symboles graphiques pour des produits bas-de-gamme.

L'illustration permet une démarche plus pédagogique, car elle permet des écarts par rapport à la réalité afin d'appuyer tel ou tel avantage ou tel aspect d'utilisation du produit.

Dans le cas d'une photo, l'ambiance sera plus ou moins sobre, et définie en fonction de la cible concernée. La photo permet une présentation fidèle du produit.

Le visuel principal devra de toute façon présenter le produit dans sa situation d'utilisation la plus courante, mais surtout la plus avantageuse.

Le choix photo ou illustration lui aussi sera déterminé en fonction des attentes de la cible, qui souhaite voir présenter le produit de façon plus ou moins réaliste, ou de façon plus ou moins subjective.

Le visuel principal ne sera pas nécessairement lié à l'utilisation du produit ; il sera dans ce cas un symbole graphique de reconnaissance de la marque.

Le contenu rédactionnel

Avant de confier un travail à une agence de création, il est nécessaire d'élaborer le contenu rédactionnel et les indications techniques du packaging, en tenant compte de la cible, des objectifs, des attentes des consommateurs, de leurs habitudes, du marché, de la concurrence et de l'usage qu'ils feront du produit.

Le contenu rédactionnel doit être le plus court possible, tout en résumant l'essentiel de ce qu'il faut dire. Directif, il doit être composé d'accroches, de titres, de sous-titres, de paragraphes courts, et d'une ponctuation dense.

Il devra être explicatif quant à l'utilisation du produit, et appuyé si possible par des symboles graphiques ou des illustrations.

Il doit être compréhensible par tous les utilisateurs potentiels.

Il sera remis si possible dactylographié à l'agence avec les majuscules (lettres capitales) et les minuscules (bas de casse), la précision des textes en gras et les retours à la ligne, ce qui évite en particulier les fautes concernant le langage technique.

Il doit également comprendre toutes les mesures obligatoires exigées par la législation.

Ordonnancement des textes informatifs et législatifs

Textes légaux devant figurer dans un même champ visuel

Il n'y a pas lieu de considérer le champ visuel comme l'espace présenté à la vente. Cette notion suppose simplement un regroupement des informations à un ensemble : homogène, bien distinct, facilement visible, indélébile et accessible pour le consommateur. Dans le même champ visuel doivent (dans la majeure partie des cas) figurer les mentions :

- dénomination de vente ;
- poids ou volume net (exprimés en mesures légales) ;
- métrologie (associée au poids ou volume) ;
- date limite d'utilisation optimale ;
- conservation à...

Nota : Ingrédients (dans l'ordre décroissant, avec indication du pourcentage pour certains d'entre eux) peuvent être placés ailleurs ainsi que les mentions adresses, mais sont à associer si possible sur les produits de la marque pour une meilleure information consommateur. Pour les denrées altérables, voir les réglementations particulières.

Textes autres et informatifs

Ils peuvent constituer un autre ensemble homogène ou se répartir harmonieusement sur les différentes faces du packaging dans l'ordre suivant :

- conseils de préparation, d'utilisation ou de cuisson,
- suggestion culinaire,
- valeur nutritionnelle et énergétique,
- mode de conservation (mention différente de la température de conservation obligatoire sur certains produits),
- mentions des adresses.

Composition/Typographie

- titres et sous-titres : corps, graisse et typographie à la discrétion du designer ;
- texte en lettres minuscules (bas de casse) d'une typographie courante, facilite les corrections ;
- dans le cas de texte en réserve, utiliser des corps gras ;
- pour les impressions sur petit format : attention à ne pas utiliser des caractères trop petits (éviter les textes trop longs) ;
- adresses : mêmes spécifications mais en majuscules, assurent une meilleure reconnaissance.

Les photographies

Pour la réalisation d'un packaging, il est nécessaire d'envisager deux types de prises de vues :

- la ou les prises de vues du visuel principal,
- la ou les prises de vues en packshots des autres produits de la gamme.

Si l'entreprise possède une photothèque interne comportant des photos de qualité, il est possible dans ce cas d'éviter les prises de vues du visuel principal, et donc réaliser une économie de coût et de temps. Il est fortement déconseillé de chercher à réaliser soi-même ces prises de vues. Le matériel photographique d'amateur, même sophistiqué (de type numérique), ne répond pas aux exigences de telles photos. L'idéal sera que l'agence soit l'intermédiaire qui prenne en charge le choix du photographe, ainsi que la responsabilité des prises de vues.

➤ Le choix du photographe

Afin de choisir seul le bon photographe, il est nécessaire de se procurer les guides professionnels, à l'intérieur desquels chaque photographe présente ses travaux, ses références, et surtout son style photographique. Il est de cette façon facile d'en sélectionner quelques-uns, qui correspondent au mieux au style recherché afin de les recevoir avec l'agence pour faire le choix définitif.

➤ Comment poser son problème de prises de vues au photographe

La qualité d'un document photographique implique une communication entre le photographe et son client. On en peut pas se permettre de dire au photographe : « On vous fait confiance, c'est votre métier, et l'on vous paie suffisamment cher ». Il faudra participer activement pour réussir la transmission du message (voir tableau ci-contre).

Les devoirs du client et du photographe

Devoir du client	Devoir du photographe
Remettre au photographe un rough (dessin enlevé) définitif précisant l'ambiance de la photo, les proportions souhaitées, et le style de la photo.	Être intéressé par le problème photographique posé.
Bien situer son marché et ce qu'il recherche.	Être interrogateur.
Indiquer au photographe l'usage qui sera fait de cette prise de vues.	Être ouvert au dialogue.
Préparer le travail de prises de vues en organisant des rendez-vous, en fournissant les objets ou les marchandises à photographier, en s'assurant de la qualité des fournitures.	Être créatif, garantir sa technique et sa qualification.
Expliquer les moyens techniques qui seront employés pour l'impression.	Adapter ses choix techniques.
Surveiller et assurer le déroulement du programme de prises de vues.	Faire participer le client.

➤ Comment juger la qualité des photos réalisées

La différence entre la qualité d'une photo d'amateur et de professionnel se constate sur plusieurs points :

- la netteté parfaite de tous les plans de la prise de vues,
- la qualité des contrastes couleurs ou noir et blanc,
- la qualité de l'éclairage.

Les aptitudes souhaitées pour une bonne reproduction sont :

- la fidélité des couleurs,
- la définition,
- une bonne saturation des couleurs,
- une bonne séparation des couleurs,
- un minimum de grain.

La qualité d'une photo en termes techniques se juge à l'aide d'un compte-fils, loupe grossissante permettant d'analyser la photo dans les moindres détails.

- *L'exposition*

Il faut une image originale bien exposée. La surexposition est à proscrire, mieux vaut une légère sous-exposition : il faut savoir qu'en photogravure on a tendance à diminuer la saturation des tons clairs.

- *Le contraste*

Il est à rappeler que le contraste entre une image imprimée et une diapositive examinée par transparence est différent : les techniques de reproduction compressent les valeurs.

- *Le format*

L'agrandissement comme la réduction modifient les surfaces colorées. L'expérience montre que la solution la plus favorable s'obtient à partir d'un document original en couleurs positif transparent (ektachrome) à reproduire en mêmes dimensions. Il faut retenir pour normes :

- format 4 × 6 cm pour agrandissement ne dépassant pas une demie-page 21 × 29,7,
- format 6 × 6 cm pour agrandissement ne dépassant pas un format 21 × 29,7,

- format 10 × 12 cm pour agrandissement ne dépassant pas 2,4 m × 1,6 m,
- format 13 × 18 cm pour agrandissement ne dépassant pas 4 m × 3 m,
- format 20 × 25 cm pour agrandissement de photos réservées à des travaux exceptionnels, nécessitant une très bonne qualité de reproduction.

En packaging, les plus couramment utilisés sont le 4 × 6 cm et le 6 × 6 cm.

La photo numérique n'offre pas encore à ce jour toutes les qualités nécessaires à la bonne réalisation d'un packaging.

- *La protection et la conservation des photos*

La couche sensible d'une diapositive est fragile, il est préférable de la protéger par une pochette transparente, et de ne jamais l'en sortir. Attention aux traces de doigts : après manipulation il est bon de les nettoyer selon les prescriptions des laboratoires de développement. Il faut éviter les trombones et surtout les agrafes, et ne jamais écrire au dos d'une photo au crayon à bille. La solution idéale consiste à conserver dans l'entreprise ses photos et à les diffuser sur disque optique (CD-Rom).

- *Les éléments entrant dans la composition d'une photo*

Selon le niveau de sophistication de la photo, différents paramètres et sous-traitants interviendront :

- le repérage des lieux,
- la création d'un décor,
- le casting,
- les mannequins,
- le coiffeur,
- le maquilleur,
- le styliste,
- l'éclairage,
- l'éclairagiste,
- le studio de prises de vues,
- l'autorisation du lieu de la photo,
- l'accessoiriste.

Photographies : extraits du code des usages et conditions générales de la Fédération française des associations de photographes créateurs (FAPC)

- Toute réalisation photographique, quelles que soient ses caractéristiques, confère au photographe, son auteur, les droits à la propriété artistique, selon les termes de la loi du 11 mars 1957.
- L'utilisation d'une photographie, quelle qu'elle soit, et quel qu'en soit l'usage : diffusion, exposition, reproduction, etc., ne peut se faire sans l'accord écrit du photographe, et comporte le paiement de droits d'utilisation.
- Toute photographie diffusée, exposée, reproduite, doit obligatoirement faire mention du nom du photographe.
- Le photographe est propriétaire des films négatifs et des diapositives réalisées par lui. Il doit fournir des tirages – sur papier ou sur film – conformes aux exigences techniques de la reproduction. Dans le cas où les documents originaux (négatifs ou diapositives) seraient confiés, ils doivent être restitués en parfait état au photographe dans un délai maximum de trois mois. Passé ce délai, une indemnité correspondant au maximum des droits d'utilisation sera facturée. Le photographe s'engage à conserver les documents originaux à la disposition de son client durant un délai minimum de 3 ans.
- Même en cas de cession des documents originaux, à moins d'accords contraires, le photographe conserve ses droits de reproduction ou d'utilisation.

Les prises de vues sont rarement réalisées par les agences. Elles sont confiées par celles-ci directement au photographe.

➤ Les photos disponibles en photothèques

Il existe de nombreuses sociétés spécialisées qui stockent une multitude de photos, traitant de toutes sortes de sujets (famille, sport, médecine, voyages, etc.). Ces photos sont commercialisées à l'aide de catalogues mis à la disposition de tous leurs clients potentiels. Il est possible de se procurer gratuitement ces catalogues (papier ou CD-Rom) sur simple demande (toutes les agences en possèdent).

L'intérêt de cette solution est qu'elle permet peut-être d'éviter la réalisation d'une photo, ou le cas échéant de définir le style photographique convenant le mieux à votre produit.

Mais attention, ce n'est pas la photo de la photothèque qui est vendue, mais les droits concernant la durée et l'usage pour le packaging

- Toute commande doit être ratifiée par un bon signé par le client ou son représentant mandaté. Sur ce bon de commande, il doit être précisé : la nature du travail demandé, les conditions de travail, une indication de prix, l'utilisation qui sera faite en fonction du plan de campagne. Pour toute utilisation autre que celle indiquée sur le bon de commande, des droits complémentaires peuvent être demandés par le photographe.
- Un acompte d'au-moins 1/3 doit être versé lors de la commande. Les maquettes et tous projets sans suite seront payés comptant, sur la base minimum du remboursement des frais techniques, des frais annexes et des honoraires du photographe, à l'exclusion des droits de reproduction. Le paiement des factures de travaux photographiques doit intervenir au plus tard dans le mois qui suit celui de la facturation – sauf convention particulière acceptée par le photographe. Tout litige doit d'abord être soumis au Conseil supérieur de l'ANPPM (Association nationale des photographes de publicité et de mode).
- Les frais annexes : décors, accessoires, déplacements, etc., sont à la charge du client et réglés comptant sur notes de frais et honoraires.
- Les cachets des mannequins et personnages figurant sur un document photographique sont à la charge du client bénéficiaire, qui doit en outre assumer les responsabilités juridiques, fiscales et sociales consécutives à l'exploitation et à la reproduction des documents sur lesquels figurent ces personnages.
- Le photographe n'est pas responsable des objets à photographier qui lui sont confiés.

en France ou à l'étranger, ainsi que l'usage éventuel sur les documentations et PLV. L'achat d'une photo en photothèque en propriété exclusive coûte excessivement cher. Ces sociétés ne négocient pas facilement leurs droits. Il existe à ce jour des CD-Rom de banques d'images, tous droits cédés.

➤ Les droits des photographes

Ces droits sont éventuellement négociables avec le photographe. Dans ce cas, le domaine d'exploitation des droits est à préciser. Il concerne :

- l'étendue,
- les lieux,
- les destinations,
- la durée.

Par exemple, ce domaine d'exploitation peut concerner :

- tout usage sans limite de durée pour l'Europe,
- usage exclusif packaging pour 3 ans en France,
- usage packaging + PLV pour 5 ans en Europe.

Il est nécessaire de formaliser cette négociation par écrit, de manière tripartite, le client, l'agence, le photographe.

➤ Évaluation du coût d'une photo

En matière de tarification, il s'avère assez difficile de travailler à partir d'un barème standard. Pour toute prise de vues, plusieurs types de solutions sont à envisager :

- à la prise de vues, le prix dépendra de la difficulté de l'aspect créatif demandé pour un travail bien défini au départ ;
- à la journée, évaluation du temps et du nombre de jours utiles lorsqu'on recherche un maximum de prises de vues ;
- en photo reportage, s'il y a lieu de rechercher sur le terrain les prises de vues les plus favorables au problème posé.

Les tarifs sont très dépendants de la qualité du photographe, de ses références ainsi que des frais divers liés à la prise de vues. Bien entendu, ces tarifs seront sensiblement majorés selon les conditions dans lesquelles sont négociés l'achat des droits d'auteurs.

➤ Les délais

Les délais sont souvent très courts, car la photo est attendue afin de pouvoir monter correctement les documents d'exécution définitifs. Ces délais sont à négocier avec le photographe, en fonction de la difficulté du sujet, et ne doivent surtout pas être imposés de façon trop stricte, car cela se traduirait par un résultat médiocre.

Une semaine à 10 jours est un délai raisonnable pour une prise de vues packaging.

➤ Faire refaire le travail

Si le photographe a bien reçu le rough ou le dessin définitif, avec l'ambiance de la photo, les proportions souhaitées et le style de celle-ci, et ce par écrit, il y a rarement lieu de faire refaire le travail. Si toutefois la photo ne correspondait pas au brief, il ne faut pas hésiter à la faire recommencer.

➤ La retouche photographique

La retouche, qui consiste à modifier certains aspects d'une photo, est vivement déconseillée, car en général très coûteuse et très longue. Elle est particulièrement dépendante de la qualité et de l'expérience du retoucheur.

Cette opération s'appelait aussi en langage technique le dye-transfert. La technique informatique apparue ces dernières années permet d'effectuer de façon banalisée de telles retouches dans de bonnes conditions.

Les photograveurs peuvent aussi retoucher une photo après l'avoir saisie sur le scanner électronique ; là aussi, l'opération sera particulièrement coûteuse et le travail réalisé ne sera pas toujours « artistique » mais plutôt technique.

Les illustrations

➤ Le choix de l'illustrateur

Il existe plusieurs types d'illustration, différenciés par leur traité. Selon le choix effectué à partir des maquettes rough, il sera nécessaire de choisir l'illustrateur capable de réaliser tel traité plutôt que tel autre. Une grande rigueur et une grande précision dans le brief permettent de ne pas avoir à recommencer plusieurs fois l'illustration. Les guides professionnels sont là aussi très utiles pour effectuer le choix.

➤ La qualité des illustrations

Il est recommandé de ne pas utiliser les roughs des illustrations comme illustrations finales : leurs qualités en tant que rough peuvent gâcher l'ensemble du document une fois terminé. Le traité d'un dessin rough ne fait en effet pas l'objet, comme pour une illustration finalisée, d'une recherche de matières, mais seulement d'une recherche de style et d'ambiance.

➤ Les illustrations disponibles sur photothèques

Les photothèques diffusent également des catalogues ne comportant que des illustrations, elles aussi classées par thèmes. Elles sont de la même utilité pour faire un choix, et remplissent les mêmes conditions que pour l'acquisition d'une photo.

➤ La protection et la conservation des illustrations

L'idéal est de conserver dès acceptation les illustrations sur CD-Rom, ce qui implique un scan haute définition. Ainsi, on évite d'avoir à retraiter l'image en photogravure.

➤ Les droits des illustrateurs

Les droits d'auteurs appartiennent à l'illustrateur, sauf en cas de négociation préalable. Les textes qui les régissent sont à peu près identiques à ceux qui régissent le travail des photographes.

➤ Évaluation du coût d'une illustration

L'illustration se vend exclusivement au temps passé : plus une illustration possède de détails et de précision, plus elle coûtera cher.

Il est important de savoir qu'un illustrateur ne peut pas réaliser tous les styles d'illustration. Il faut examiner son dossier pour juger ses capacités de réalisation. Il est très délicat de prendre des risques dans ce domaine.

Les tarifs sont dépendants de la qualité de l'illustrateur, et de ses références. Ces tarifs seront sensiblement majorés selon les conditions dans lesquelles sont négociés les droits d'auteur.

➤ Les délais

Ils sont souvent très courts, car l'illustration est attendue afin de pouvoir monter correctement les documents d'exécution définitifs. Ces délais sont à négocier avec l'illustrateur, en fonction de la difficulté du sujet, et ne doivent surtout pas être imposés de façon trop stricte, car cela se traduirait par un résultat médiocre.

Une semaine à 10 jours est un délai raisonnable pour une illustration packaging.

➤ Faire refaire le travail

En ce qui concerne ces deux derniers points, il n'est pas à faire de différence avec ce qui est en usage pour le travail des photographes.

Si l'illustrateur a bien reçu le rough, l'ambiance, les proportions souhaitées et le style, et ce par écrit, il y a rarement lieu de faire refaire le travail. Si toutefois l'illustration ne correspond pas au brief, il ne faut pas hésiter pas à la faire recommencer.

Le document d'exécution

Le document d'exécution, qui doit impérativement faire l'objet d'une très grande rigueur et précision de travail, présente la finalisation graphique la plus parfaite de la maquette rough choisie, et ce présenté en noir et blanc. Il reste encore à ce jour une étape absolument indispensable dans la chronologie et le bon déroulement d'un travail. Il est absolument impossible au photograveur et à l'imprimeur d'effectuer leur travail sans que cette étape préalable ait été accomplie.

Le document d'exécution (ou plan technique) est le premier stade de la réalisation technique d'une création, donc primordial pour la réussite de tous les postes suivants. La bonne exécution d'un document, sa clarté et sa précision, facilitent le travail des photograveurs, des imprimeurs, des façonniers, etc. Il est d'ailleurs judicieux de montrer préalablement les maquettes rough choisies aux différents intervenants, afin qu'ils puissent vous informer des contraintes techniques et fournir aux exécutants un cahier des charges.

Le document d'exécution traditionnel est fait d'un carton solide, du type carte à gratter, et d'une superposition de films avec textes et filets collés et tracés, les overlays. Les divers éléments le composant sont recouverts d'un calque qui permet de porter toutes les indications techniques ainsi que les références couleurs et typographiques. Sur ce calque, le client peut également mentionner ses corrections éventuelles. Le tout est recouvert d'un carton fin du type canson, appelé aussi capot, qui a une fonction de protection.

☞ **Remarque**

Le document d'exécution est aujourd'hui le plus souvent réalisé en PAO.

Les documents à remettre à l'agence de création packaging

Les textes doivent être définitifs, et si possible dactylographiés et remis sur disquette en PAO pour éviter toute confusion, erreur de lecture ou d'interprétation. Ces textes doivent respecter les capitales et les bas de casse (lettres minuscules) et il faut laisser un espace entre chaque paragraphe. Les indications et les remarques ne doivent pas être inscrites sur la même copie que les textes à composer. Changer les textes en cours de réalisation du document d'exécution implique des frais ; toutes les informations (modes d'emploi, quantités, etc.) qui apparaîtront sur le packaging doivent donc être exactes.

En deuxième lieu, il existe une multitude de contraintes qu'il faut fournir à l'agence de création : les dimensions précises, ou un plan de découpe et d'impression précis avec les dimensions et les endroits non imprimables (soudures, collages, etc.), les endroits où seul le décor apparaît (les plis, les zones non visibles, etc.) et les zones de textes, les facings.

Il faut également indiquer l'emplacement des codes à barres et les emplacements des réserves pour les dates de péremption et de fabrication (dates limites de vente).

La préparation et le calibrage

L'exécutant réalise à partir de la maquette rough un calque de mise en page précis lui permettant de visualiser l'ensemble du document, et d'équilibrer les surfaces de textes, photos, etc. Ce calque lui permet également de dégrossir le travail de calibrage, de vérifier le détail de la mise en page, la répartition des textes. À ce stade, il est intéressant de voir le calque, car rien n'a été encore commandé ; cela permet d'économiser de futures corrections « d'auteur », et d'éviter de recommencer une partie du travail suite à un oubli ou un malentendu.

À partir des textes fournis, l'exécutant défini par des calculs complexes la taille des lettres, l'encombrement des textes, le choix du caractère (si cela n'a pas été fait à la création), et les éventuelles déformations typographiques.

Le tracé du format de découpe et du plan d'impression

Celui-ci doit être d'une précision extrême. C'est à l'intérieur de ce format que seront positionnés tous les éléments qui composeront le document, à savoir les textes, les titres, les accroches, les logos, les photos, les dessins.

Le tracé du format de découpe et du plan d'impression se compose de traits noirs appelés « traits de coupe », de filets bleus servant à une meilleure visualisation des surfaces, et de traits en pointillés indiquant les endroits de pliage.

Tous les traits de coupe et de pliage viennent en dehors du format, pour ne pas être imprimés. Des filets techniques noirs entourent souvent la quasi-totalité du format à 5 mm de celui-ci ; ils délimitent les surfaces colorées.

La photocomposition des textes

La photocomposition des textes était, il y a une dizaine d'années, généralement sous-traitée à des photocompositeurs professionnels indépendants des agences de création, car ce matériel nécessitait des investissements coûteux, qui pouvaient difficilement être amortis par la charge de travail apportée par une seule agence.

Les photocompositeurs travaillaient sur matériel informatique : les clavistes saisissaient les textes et indications typographiques. Les textes étaient ensuite « flashés » (photographiés) sur des films négatifs, retransposés en positifs pour le montage. Le papier positif s'appelle un bromure. Cette opération, pour un texte d'une page sans grande difficulté, prenait environ trois heures.

Il est apparu ces dernières années la possibilité de réaliser la photocomposition des textes à l'aide de la PAO (publication assistée par ordinateur). Ce procédé est satisfaisant pour tout ce qui concerne les documents du style journaux d'entreprise, ou bulletins mensuels, exécuté par un personnel possédant une formation de base ; en packaging, il n'est satisfaisant qu'exécuté par un personnel hautement qualifié.

Il est toutefois utile de ne pas perdre de vue les techniques de PAO car en effet celles-ci vont encore évoluer de façon spectaculaire dans les années qui viendront. La PAO présente, par rapport à la photocomposition des textes classiques, l'avantage d'être sensiblement moins coûteuse, de nécessiter une formation simple, et de pouvoir être utilisée à l'intérieur des agences.

Le montage du document

En bonne connaissance de la gravure, l'exécutant « monte » le document d'exécution en positionnant les textes ; il trace les filets techniques, les filets à graver, positionne les illustrations ou les photos. Le document d'exécution doit être soigné et propre. Ce document doit être respecté tout au long de la réalisation du travail, il représente l'aboutissement du travail de création.

Les indications et consignes techniques pour la fabrication

Elles sont indiquées de façon précise sur le calque technique recouvrant le document. Elles concernent la mise en couleurs détaillée, les références des couleurs Pantone ou mélanges quadri à utiliser, les indications des filets à graver ou pas. Ces indications sont portées par l'exécutant de l'agence.

La relecture du document d'exécution

Une fois achevé, le document d'exécution est présenté au client. C'est l'ultime étape de relecture, où il faut vérifier soigneusement les textes, s'assurer de l'exactitude des informations (ingrédients, quantités) et de l'orthographe (vocabulaire technique essentiellement).

Toutes les mentions adresses doivent absolument être complètes et bien placées.

Ces informations sont imposées par la réglementation ; tout oubli peut être sanctionné par une amende plus ou moins importante. Si des éléments paraissent mal équilibrés, on peut les grossir ou les réduire. La mise en couleurs doit mettre en valeur les éléments importants.

Il est encore temps à ce stade de procéder à des corrections de textes. Cependant, si celles-ci sont nombreuses, il est préférable de faire établir au préalable un devis, car elles risquent d'être facturées ; en effet, retirer ou modifier un mot oblige à recommencer la « compo », ajouter une phrase peut modifier l'ensemble du texte.

En revanche, si le client estime que le brief n'a pas été respecté, c'est le moment de le faire savoir.

Une fois les corrections effectuées, il faut revoir le document. À ce niveau du travail, les documents partent en photogravure, avec l'accord du client qui appose sa signature sur les documents, ce qui correspond en langage technique à un « bon à graver ».

Contrôle d'un document d'exécution packaging

Le respect du tracé de découpe et du plan d'impression

- Par superposition du film de découpe sur le document.
- Par mesure à la règle millimétrique de l'ensemble du format.
- Vérifier les zones à réserver en couleurs, les débords de couleurs, les zones à réserver en textes et illustrations.

Le respect du plan d'impression

- Par rapprochement du plan d'impression initial sur le document. Vérifier les zones à réserver en couleurs, les débords de couleurs, les zones à réserver en textes et illustrations.

Les sens du matériau et de l'impression du Gencod

- Contrôler le sens marche du support par rapport à la conformation du packaging et à son mode de mise en place sur le produit.
- Vérifier le bon sens de lecture du code EAN par rapport au sens d'impression.
- Vérifier la conformité du code EAN : positionnement, dimension, marge, contraste, couleur, etc.

Les textes

- Relire attentivement mot à mot l'ensemble des textes (à 2 personnes de préférence) par rapport au texte dactylographié définitif remis.
- Dans le cas du packaging à plusieurs faces, s'assurer du bon sens de lecture des textes sur chacune d'elles.
- S'assurer pour les textes légaux que la législation est respectée : même champ visuel, nature des textes, normes métrologiques, abréviations.
- Vérifier l'emplacement du ou des datages et les mentions.
- Vérifier particulièrement les mentions et adresses y compris les estampilles sanitaires et signes communautaires.

Le calque technique

- Pourcentage des quadrichromies, bendays, etc.
- Référence des couleurs Pantone ou quadri sur le document.
- Référence des typographies.
- Nombre de couleurs.
- Filets techniques et/ou à graver (arrêts de couleurs).
- Emplacement code EAN.
- La bonne identification du document.

Les cartes à gratter

- Qualité des tracés : régularité d'épaisseur, d'encrage, de conformité au égard aux plans de découpe et d'impression.
- Points de repérage.

Les overlays – notamment :

- Mise en place des illustrations.
- Logos venant à la couleur.
- Out-line de textes et repérage.
- Points de repérage.
- Titres dessinés ou photocomposés.

Le « spot de lecture optique »

- Emplacement des repères de limite déterminant la coupe d'un packaging à l'autre (ces repères sont appelés « spots de lecture optique »).

Cette vérification ne s'impose que pour les coupes en continu.

LES SIGNES DE CORRECTION

Ligne à centrer	LES ROTATIVES
Mettre en gras	Aperçu historique
Lettre à changer	Les presses à cllindres mar-
Mot à changer	quèrent - nous l'avons depuis cons-
Lettre à supprimer	taté - un appréciable progrèes sur
	les platines quant aux dimensions
Ligne à sortir	des surfaces imprimables. Mais
Mot à supprimer	leur vitesse ne pouvait plus guère
Lettre à ajouter	augmenter car leur conception se eur-
	tait à un facteur de ralentissement
Lettre à transposer	réhdibitoire : le mouvement alterna-
Mot à ajouter	tif (celui la platine dans les presses
	à platines, celui du marbre à cylin-
Mots à transposer	dre dans les presses).
	Or, il fallait aller plus vite. On
	sait que rapidité et qualité sont rare-
Égaliser l'espacement	ment conciliables mais il arrive que
	fonction du but à atteindre dans le
Lignes à transposer	des sacrifices soient nécessaires en
	cas de la presse c'est la rapidité qui
	prime.
Ligne à rentrer	Aussi est-ce en faveur de la presse
	que furent tentés les premiers efforts
	visant à remplacer, dans les machi-
Mettre une lettre accentuée	nes a imprimer, tous les mouvements
	rectilignes (à temps morts).
Mettre une capitale	ce qui signifie qu'après la pla-
Lettre d'un œil étranger	tine devenue cylindrique dans les
Mettre une virgule	machines à cylindre la forme plane
Mettre en romain	devait à *son tour* céder la place à
	une *forme cylindrique* dans les *rota-*
Faire un alinéa	*tives.* A vrai dire il existait déjà des
	machines de ce type depuis la fin
Augmenter le blanc	du XVIIIe siècle, mais elles servaient
Supprimer l'espace	à impri mer des tissus en bobines.
Diminuer le blanc	Réaliser pour elles des formes
Espaces à ajouter	cylindriques neprésentait pas de
	difficultés particulières.
A faire suivre	Les dessins étaient gravés à la main,
Mot biffé à conserver	à la surface même des cylindres
	d'impression.
Mettre en petites capitales	Richard BULLOCK construisit la
Mettre en italique	Extrait de Techniques graphiques

La photogravure

Deux schémas types dans les relations agence de création/photograveurs peuvent se créer :

- L'entreprise donne la photogravure à réaliser à son agence de création, équipée en haute définition ou non : l'agence travaille avec le photograveur de son choix. Il est important de faire contrôler au préalable par l'imprimeur le document d'exécution et la maquette rough, afin de vérifier s'il n'y a pas d'erreurs de format, ou d'éléments irréalisables. Cela permet de prendre quelques sécurités supplémentaires afin d'éviter les litiges. Il sera nécessaire de demander à l'imprimeur son cahier des charges, afin d'en transmettre toutes les contraintes (finesse de la trame, sens d'impression, etc.) au photograveur ;
- L'entreprise choisit elle-même son photograveur : la démarche à suivre est identique. Si la photogravure est réalisée par l'imprimeur (il peut parfois avoir une structure interne, ou bien il sous-traitera), il n'y aura pas de problèmes au niveau du cahier des charges, car il connaîtra déjà bien les contraintes.

Dans ces deux cas de figure, le client doit montrer les cromalins, les essais ou les sorties sublimations à son agence de création. Dans le cas où il y a des corrections, celles considérées comme corrections d'auteur seront facturées. En cas de litige, il est possible de faire appel au service de fabrication de l'agence de création (la plupart des agences en intègrent un), mais on ne peut adopter en aucun cas la position de juge-arbitre. L'agence doit être capable de régler en bonne intelligence les différents problèmes techniques qui peuvent survenir.

Il peut s'avérer que, au moment de l'impression, il soit besoin de rajouter une ou plusieurs couleurs (ce qui n'était pas initialement prévu), afin de respecter au mieux la création. Si l'imprimeur et le photograveur ont examiné auparavant la maquette finalisée, il sera plus facile de négocier le prix du sur-coût des couleurs supplémentaires.

Dans le cas où la photogravure a été réalisée par l'agence de création, le problème le plus souvent rencontré est une mauvaise correspondance entre les films et le cahier des charges. Le problème se situera soit au niveau du photograveur, auquel cas il faudra procéder à des corrections de gravure (qui ne seront pas des corrections d'auteur), soit au niveau de l'agence de création, qui devra prendre à sa charge les corrections de photogravure.

Le nombre de couleurs

La quadrichromie est d'une façon générale utilisée pour tout type d'impression. Il ne faut cependant pas oublier que ce procédé en 4 couleurs (les 3 primaires + le noir) perd beaucoup de fraîcheur au niveau des couleurs par rapport à la maquette qui, elle, a été réalisée en une multitude de tons directs (les feutres) ou à un photocopieur laser qui sature les couleurs.

En packaging, il est souvent préférable de prévoir des tons directs pour les teintes dominantes, ou celles nécessitant une grande fraîcheur. C'est aussi le cas pour les couleurs de type fluo, dorées, métallisées, ou bien les couleurs imposées par le livre des normes de la société.

Dans le cas d'emballages transparents, le blanc est une couleur supplémentaire, qu'il faudra prévoir en photogravure mais surtout en impression. Le blanc est de plus un support opacifiant et couvrant, que l'on positionne toujours dans ce cas sous les autres couleurs. De même que dans le cas d'impression « hélio », le vernis ou laquage monopolise un poste de couleur, qu'il faudra prendre en compte par rapport à la capacité des machines.

La décision à prendre concernant le nombre de couleurs appartient à l'entreprise cliente qui peut cependant se fier au jugement de ses interlocuteurs, et spécialement à celui du photograveur. Pour cela, ce dernier doit avoir vu la maquette rough, ou mieux, la maquette finalisée, et il expliquera toutes les subtilités des choix du nombre de couleurs. Tout est sensé être possible en quadrichromie, mais attention : un vert obtenu à partir d'une trame jaune et d'une trame bleue ne donnera jamais le même résultat que la couleur pantone.

Le travail du photograveur

Le document d'exécution est pour ainsi dire décortiqué par couches de couleurs par le photograveur.

Un négatif de l'ensemble du document est réalisé ; puis le photograveur sélectionne les zones qui ne concernent pas la couleur sélectionnée, en les « gouachant » à l'aide de peinture inactinique ou en collant du film inactinique. Il glisse une trame plus ou moins dense (la densité se mesure en pourcentage) s'il y a des zones à tramer, et par photo reproduit la trame ; s'il superpose ainsi plusieurs trames sur différents films, il obtient des « bendays ».

Il incorpore également couleur par couleur, film par film, les illustrations ou les photos qu'il aura préalablement sélectionnées au scanner.

La plupart des photograveurs sont équipés de tables de montage électroniques, qui leur permettent de sélectionner et de monter avec plus de finesse et de précision. Cet appareil offre un large éventail de possibilités : retouche de photo, trucages, reproductions, dégradés, effets optiques, etc. Cependant, bien qu'étant considéré comme un outil très performant, souple et maniable, son utilisation est encore fort complexe, le personnel qualifié rare et cher, et l'utilisation donc fort coûteuse.

Les films nécessaires à l'impression du packaging

Le photograveur doit réaliser les films nécessaires à l'impression. Pour cela, il faut lui remettre les documents d'exécution (fichier numérique), sur lesquels seront mentionnés les choix de couleurs ; en complément de ces documents, se trouvent les illustrations et ektachromes à graver ou les fichiers numériques à traiter.

Il est nécessaire de remettre au photograveur le rough ou la maquette finalisée du projet, ce qui lui permettra, mieux que le document d'exécution, de comprendre et de percevoir les subtilités de mise en couleurs. Les films réalisés le seront en tenant compte du support sur lequel ils devront être imprimés, et des contraintes techniques de réalisation que celui-ci impose au photograveur.

À noter que pour les procédés d'impression dont les formes imprimantes engendrent des phénomènes d'anamorphose (flexographie par exemple), le photograveur reprendra les documents d'exécution pour les déformer, et ce en fonction des contraintes machines qui lui auront été impérativement fournies.

Il est impossible de juger la qualité d'un film. C'est pour cela qu'il faut impérativement faire réaliser un cromalin, dont le prix est compris dans le devis (ou un essai, qui sera le plus souvent facturé en supplément des films), qui permet d'apprécier le travail du photograveur ainsi que la qualité globale du document sur son support définitif.

Les films ont une durée de vie plus ou moins longue selon les conditions de conservation ; de ce fait, ils seront difficilement utilisables pour le retirage du document au-delà d'un an environ, période à partir de laquelle il est fort possible qu'il y ait une déperdition dans les couleurs. L'idéal consiste donc à conserver le fichier sur un CD-Rom pour pouvoir le ressortir après quelques années.

Le cromalin ou l'essai pour visualisation semi-définitive du packaging

Le cromalin correspond à un exemplaire « imprimé » unique, qui permet de visualiser avant tirage la mise en couleur définitive du document, la qualité des couleurs choisies, mais aussi le travail du photograveur. Le cromalin présente un aspect vernissé très flatteur (brillant ou mat), nettement supérieur au rendu définitif. De plus, il doit être considéré comme un outil de travail nécessaire pour relever toutes les imperfections du document. (C'est la marque d'un des matériels les plus anciens sur le marché).

Pour un cromalin, le papier de support est d'abord laminé, c'est-à-dire recouvert d'un film photosensible. Ensuite, les films de la photogravure sont montés sur ce support sensibilisé, puis isolés dans un châssis d'exposition aux ultraviolets. Du coup, les parties à colorer deviennent collantes, il ne reste plus qu'à y déposer un pigment de couleur en poudre, soit manuellement, au tampon, soit automatiquement, par traitement en machine. Ces deux dernières opérations, insolation et mise en couleurs, sont répétées pour chacune des 4 couleurs de base. Il faut environ deux heures de travail pour sortir un cromalin d'un document 4 pages.

Les essais, plus coûteux que le cromalin, présentent le même usage, mais apportent une qualité de jugement plus proche du travail terminé. Ils permettent aussi de réagir de façon plus sensible sur les corrections de couleurs, car le cromalin pour sa part est toujours un peu plus rouge et plus dense que le document définitif et ne permet pas de donner la valeur des couleurs directes ; il est flagrant que les couleurs utilisées en héliogravure, une fois imprimées, sont radicalement plus fraîches. Les essais sont réalisés tout simplement directement sur une machine à imprimer.

Les gammes, de plus en plus rarement utilisées, représentent cinq cromalins successifs, avec chacun une couleur de la quadri (bleu, rouge, jaune, noir), puis le mélange des quatre, qui correspond au cromalin traditionnel. Les gammes sont surtout utilisées par les professionnels de la photogravure.

Il faut savoir que les technologies nécessaires à la réalisation des films, des cromalins, gammes ou essais, ont évolué de façon spectaculaire depuis quelques années. C'est ce qu'on appelle les sorties sublimations, sorte de copies couleur de haute qualité, très proche du rendu du cromalin. Ceci se traduit bien évidemment par des délais et des prix plus compétitifs, et par une qualité de travail toujours supérieure, comparable à 95 % aux autres procédés traditionnels décrits ci-dessus.

Les films nécessaires à l'impression des codes à barres

L'élaboration d'un symbole ne relève pas de travaux de photogravure conventionnels, compte tenu de la précision métrologique qu'elle implique. Il est nécessaire de s'adresser aux sociétés spécialisées recommandées par l'organisme Gencod.

Il faut savoir, sans entrer dans les détails, que les master-films (typons des codes) sont réalisés d'après des cotes de barres et d'intervalles d'une précision de 4 à 8 µm.

Les contraintes pour l'impression dépendent du procédé employé :

- offset : on utilise un facteur 1 ; en cas de facteur 0,9, celui-ci est imprimé parallèlement au sens d'impression ;
- flexographie : les barres sont imprimées parallèlement au sens d'impression ; de plus, un cadre d'appui assure la protection des barres latérales contre tout écrasement, avec un facteur de grossissement en principe supérieur à 1,
- sérigraphie : les barres seront toujours placées perpendiculairement à la raclette,
- héliographie : le sens d'impression est impératif et les barres doivent se situer perpendiculairement à la génératrice du cylindre.

Dans tous les cas, il sera nécessaire de se renseigner chez l'imprimeur sur tous les impératifs.

La symbolisation code à barres EAN 13 (à 13 chiffres et 13 barres) demande le respect des impératifs techniques fixés par l'organisme Gencod, ainsi que l'étroite collaboration de tous les partenaires. Seule une extrême rigueur au niveau de l'information touchant toute modification par rapport au dossier initial instruit (changements d'imprimeur, de procédés d'impression, de support, d'encre, etc.) permettra de fiabiliser la lecture des codes sur les produits, par les lecteurs optiques des matériels de sortie de caisse des magasins.

Comment juger la qualité du travail

Pour juger la qualité des couleurs, notamment s'il s'agit de nuances subtiles, il faut comparer le cromalin, la maquette, les ektas et les illustrations.

Le cromalin, quoique moins précis que l'essai, reste un excellent outil de contrôle pour les couleurs (sauf pour les tons directs).

Il faut également vérifier que les filets gravés n'ont pas subi de dommages ; ils ne doivent pas comporter de rayures, ni avoir été modifiés au niveau de leur graisse.

Les délais

Lors de l'établissement des devis de photogravure, il faut toujours demander les délais en jours ouvrables. Cela permet de prévoir quelques jours supplémentaires sur le retro-planning, pour relire et faire relire le cromalin, et procéder aux corrections éventuelles.

En général, une photogravure n'est pas parfaite du premier coup : l'agence de création et l'imprimeur savent donner les bonnes indications sur le cromalin.

Les coûts

S'il y a un domaine où les prix sont variables, c'est bien celui de la photogravure. Le marché a créé des différences de prix qui vont parfois du simple au double.

Mieux vaut faire établir un devis. D'une façon générale, les moins chers n'ont pas le meilleur service, mais les plus chers ne sont pas forcément les plus compétents. Comme les prix, la qualité est plutôt variable.

Il faut donc choisir le photograveur en fonction des besoins de l'entreprise.

L'impression et la fabrication

Il y a quelques années, les imprimeurs, à la demande de leurs clients, s'occupaient de la création des packagings. Mais, quoique comprenant dans leur structure interne quelques créatifs, les imprimeurs maîtrisaient mal les notions élémentaires de marketing, de merchandising et de design. C'est sans doute là la raison de l'extrême pauvreté des linéaires de cette époque. Depuis une quinzaine d'années, sont apparues les agences de création et de design spécialisées en packaging, qui maîtrisent parfaitement ce domaine.

Les imprimeurs peuvent également réaliser l'exécution des documents, mais il est cependant préférable de confier ce travail aux agences de création, ce qui garantira également une meilleure continuité de la création choisie.

En revanche, il sera toujours possible de faire appel aux imprimeurs pour de petites modifications au dernier moment ; ces corrections seront effectuées par des exécutants intégrés dans leur structure.

Les relations imprimeurs/photograveurs ne sont malheureusement pas assez fréquentes, sauf dans le cas où l'imprimeur s'occupe de la réalisation de la photogravure.

Le photograveur s'occupe rarement des problèmes qui peuvent se poser en fabrication, et vice-versa, bien que les deux s'en défendent. En cas de litige, il est donc souvent difficile de faire la part des choses. C'est pourquoi il est souhaitable de les mettre en relation lors d'une réunion, de travail et ce afin de définir clairement les contraintes, les exigences et les responsabilités de chacun.

La préparation nécessaire à l'impression

Après avoir remis les films de photogravure à l'imprimeur, il est une étape importante à ne pas oublier dans le planning : la réalisation du support pour l'impression, à savoir les plaques en offset, les cylindres en héliogravures, les clichés en flexographie à partir desquels l'impression va pouvoir être réalisée.

Par exemple, les plaques offset nécessitent une journée de réalisation, et les cylindres en héliogravure plusieurs semaines. De fabrication d'une très haute précision, ces outils d'impression ne sont pas contrôlables. C'est uniquement au moment du BAT (bon à tirer) que vous pourrez en juger la qualité.

Il ne faut pas hésiter à rendre visite à l'imprimeur si l'occasion se présente ; les secteurs héliogravure et flexographie en particulier sont des domaines d'activité très intéressants de part leur complexité.

La réalisation des moules pour le nouveau volume

La fabrication des moules nécessite l'intervention de spécialistes, qui réaliseront les moules originaux des packagings dans les matériaux comme l'acier ou l'aluminium ; ces moules permettront au fabricant d'emballage de réaliser en quantité importante les emballages définitifs.

Il existe en France peu de spécialistes capables de réaliser correctement un moule qui supportera de grandes séries ; c'est pourquoi les délais d'attente sont de l'ordre de six mois.

Il est nécessaire de réserver leur planning le plus tôt possible, car il est très difficile de le négocier.

Il est possible de faire fabriquer des moules dans des délais plus rapides, en particulier pour les volumes en plastiques thermoformé, mais attention : la qualité du résultat doit pouvoir être garantie.

La fabrication des outils de découpe pour découpoirs type machine BUSH, destinés à la découpe d'étiquettes ou de formes de découpe réalisées soit à la scie sauteuse soit au laser pour découpage du carton, devra être prise en compte tant au niveau des prix que des délais.

Tableau comparatif des différents procédés d'impression

Il convient de choisir le procédé d'impression le mieux adapté, car chaque procédé a des domaines préférentiels de tirage.

		Typographie				
Critères de choix	Sérigraphie (3000 av. JC)*	Platine cylindres (1440)*	Lithographie (1796)*	Héliogravure (1852-1911)*	Flexographie (1890*)	Offset feuilles (1904)*
Avantages	- impression en forme - impression grande surface - n'importe quel support - encre peu onéreuse - souplesse	- travail soigné, acceptable sur support difficile, qualité d'impression régulière - se prête aux faibles séries - conservation des clichés en vue de retirage - bon repérage	- netteté des détails - teintes douces convenant aux illustrations en couleurs	- excellent report photos - richesse des couleurs - grande vitesse - séchage de l'encre instantané - accouplement au façonnage - évolution facile des paginations en édition	- simplicité - souplesse - faible coût des clichés - possibilité de petites séries - rapidité de séchage	- fabrication facile des clichés - répétition aisée du même sujet sur une seule plaque - douceur d'image - rapidité - possibilité d'imprimer directement 4 et même 6 couleurs plus vernis
Inconvénients	- un passage par couleur - parfois traitement de surface obligatoire - nécessite four de séchage - adhérence de l'impression limitée	- production faible - séchage encres grasses long - difficultés de corrections des clichés toutefois possibles - foulage du papier (effet mécanique des caractères)	- aspect d'impression peu vigoureuse - repérage des contours imprécis - prix de revient élevé - délais longs	- corrections difficiles - limitation à la composition de petits caractères (hachage par la trame) - coût des cylindres onéreux	- adaptation des dessins au procédé - calage délicat - qualité limitée mais qui rattrape l'hélio (en prix également)	- repérage délicat - le système de véhiculage de l'encre limite l'utilisation de certains supports - contours moins nets qu'en typo - corrections des plaques ingrates - onéreux au-delà de 4 et 6 couleurs
Domaines préférentiels pour tirages	- affiches - PLV - décoration - flacons - circuits imprimés - produits lessiviels - marquage cubes	- faibles séries 20 000-30 000 exemplaires - petits formats tels étiquettes - repiquage - travaux administratifs - numérotés, perforés... - un passage par couleur	- la vraie litho devient de plus en plus rare - affiches, tableaux publicitaires - musique, décalcomanie	- impression grandes séries - édition catalogues et magazines - emballages de qualité sur supports souples : plastiques et complexes en particulier	- emballage cadeaux - sacs - carton ondulé - compact petites séries - actions promotionnelles	- impression d'emballages de qualité - édition de qualité courante - polychromie

* Années d'invention.

L'impression des packagings

Le « calage » de la machine correspond aux diverses opérations de réglage qui permettent d'ajuster les couleurs conformément au cromalin. Pendant ce réglage, la machine est en fonctionnement, et un nombre de supports plus ou moins important sera gâché à cet usage. Une fois le réglage terminé, le chef d'atelier ou le client, s'il est présent au calage, signe le « bon à tirer » définitif. Cet accord donné, la machine peut prendre sa vitesse de production normale.

L'application éventuelle d'un vernis sera faite dans la foulée, s'il s'agit d'un vernis machine (pour un vernis UV ou un pelliculage, cette opération sera effectuée après séchage), et l'ensemble du travail sera ensuite stocké pour le séchage, d'une durée variable selon les matériaux utilisés. Les vernis UV sont à employer avec parcimonie, car deux aspects négatifs subsistent dans leur emploi : un usage alimentaire parfois limité suite à certaines migrations non maîtrisées et des pertes des propriétés de recyclage des supports sur lesquels ils s'appliquent.

L'imprimeur doit vérifier à ce moment du travail si le produit est bien identifié par les mentions adresses conformément à la législation propre au produit.

Dans la plupart des cas, les imprimeurs sous-traitent leur travail, selon que leur capacité de production est atteinte ou pas. Quoi qu'il en soit, un imprimeur refusera rarement un travail, et ne vous tiendra pas au courant du fait qu'il sous-traite ou non de votre commande : ne le sachant pas, il vous sera difficile de lui en tenir rigueur ! Malgré tout, cela peut allonger les délais, et avoir des conséquences sur la qualité du travail.

L'imprimeur achète le papier ou le support correspondant à la commande directement au fabricant. Les différences de qualité de fabrication du support se répercutent sur l'aspect global du packaging.

Il est possible, pour une très grosse quantité, de commander soi-même le support d'impression au fabricant, et de le faire livrer chez l'imprimeur qui réalisera l'impression. Cela peut éviter la marge appliquée par l'ensemble des imprimeurs. Cependant, en cas de litige, il sera difficile d'arbitrer les responsabilités de l'imprimeur et du fabricant de matières premières.

Les encres d'imprimerie, selon leur qualité, peuvent influer sur la qualité des couleurs du document, mais ceci de façon si subtile que seul un regard expert pourra le constater. Les encres dites « alimentaires » sont obligatoires pour tous les produits alimentaires qui peuvent être en contact, même après ouverture, avec les encres, bien qu'aucun texte législatif en France ni dans les pays européens, ne concerne spécifiquement les encres. En fait existent, dans les divers pays européens, des réglementations et des recommandations relatives aux emballages de denrées alimentaires, faisant partie de l'ensemble des matériaux destinés à entrer en contact des denrées alimentaires. La distinction n'est pas faite entre emballages imprimés et emballages non imprimés. L'impression intervient donc comme l'un des éléments de l'emballage. Il existe même sur le marché des encres parfumées, qui peuvent présenter selon votre produit un caractère d'originalité, ainsi qu'un impact renforcé.

Il revient à l'imprimeur de choisir les encres selon les besoins : surfaces dorées, encres fluorescentes, tenue à la lumière, résistance thermique... Les consommations d'encres sont fonction du support et de leur qualité ; il ne faut pas omettre de définir à l'imprimeur la durée de vie désirée des impressions, et penser au traitement de surface préalable parfois nécessaire.

Pour l'impression des plastiques films souples ou des corps creux, attention au graphisme : il faut éviter les repérages obligatoires et les raccords de dégradés entre haut et bas, et tenir compte des passages d'encrage des procédés sérigraphiques ou flexographiques. Il est impératif d'éviter les impressions sur les zones de scellage des sachets thermosoudés.

La qualité des couleurs peut être modifiée légèrement selon que le document aura été imprimé dans un climat humide ou dans un climat sec.

Le séchage des encres et du vernis doit être prolongé le plus longtemps possible, pour leur éviter d'être endommagés, lors du façonnage.

L'impression des codes à barres

Tous les imprimeurs destinés à réaliser des travaux d'impression doivent réaliser des tests d'imperméabilité à partir de jauges standard EAN sur l'ensemble de leur parc de machines.

Les tests d'imprimabilité selon les procédés d'impression, les matériels, la qualité des supports sur lesquels les codes seront imprimés, les encres, etc., permettent, après examen, de déterminer les caractéristiques du code barre EAN 13.

Façonnage et outils de découpe (impression offset sur feuille)

Quel que soit le format, le travail sera de toute façon imprimé sur un format supérieur, puis façonné au format choisi. Le façonnage ne peut s'effectuer correctement qu'à partir du moment où l'encre d'impression et le vernis sont totalement secs.

La précision du façonnage est de l'ordre de 2 mm environ. Il est donc à exclure de prévoir l'impression d'un filet couleur en limite du document, car celui-ci pourrait disparaître au moment du façonnage, selon la précision de coupe.

Pour les packagings présentant une forme de découpe originale, voire complexe, il est nécessaire de réaliser l'outil de découpe adapté. Celui-ci représente un coût non négligeable, qu'il convient de prendre en considération. Il convient également de le prévoir au planning et de l'envoyer au moment du lancement de la photogravure (la forme de découpe se présente sous la forme d'un dessin au trait noir). En effet, la réalisation de l'outil de découpe étant plus longue que l'impression, cela peut faire gagner du temps sur les délais.

Après la coupe, le façonnage comprend les diverses opérations de pliage du document. Au-delà de 1 000 exemplaires, celles-ci sont le plus souvent réalisées sur des plieuses automatiques.

Les packagings papier au-dessus de 170 g doivent subir avant pliage une opération de rainage, ce qui permettra du fait de l'épaisseur du papier un pliage plus facile, mais évitera surtout que le papier ne se casse au pliage, ce qui donnerait un mauvais aspect au travail finalisé.

Les sociétés de façonnage sont le plus souvent des sociétés indépendantes des imprimeurs ; en effet, les investissements en machines sont assez conséquents. De plus, la technologie n'est pas la même que celle de l'imprimerie.

L'assemblage (imprimés papier ou carton)

L'assemblage est l'opération qui va donner sa forme définitive à l'emballage. Il peut se faire suivant différents procédés :

- colle,
- agrafes (appelées aussi piqûres métal),
- encastrement.

L'assemblage peut être réalisé par des sociétés spécialisées, sous-traitantes des imprimeurs. Ce travail fait appel autant à la technologie qu'à la main-d'œuvre.

Il peut également être réalisé par les industriels eux-mêmes (par exemple pour des boîtes de gâteaux), car il faut souvent souder les films une fois que le produit y a été mis.

L'assemblage est lui aussi extrêmement important car, s'il est mal réalisé, le packaging donnera une mauvaise image du produit et de l'entreprise qui le diffuse.

Les délais et les coûts

Les délais et les coûts doivent être négociés et planifiés longtemps à l'avance. D'une façon générale, les délais ont toujours tendance à être élastiques, et ce toujours au désavantage de l'entreprise. Il faut donc être vigilant, surveiller le bon déroulement des opérations, et faire signer aux fournisseurs un planning d'intervention précis et détaillé.

Les coûts sont bien évidemment variables en fonction du travail à faire réaliser. Ils sont pourtant, à la différence des prix des photograveurs, assez proches d'un imprimeur à l'autre.

Bien entendu, pour pouvoir établir une comparaison exacte entre leurs devis, il faut communiquer un brief identique à chacun d'eux. Le fait de poser des questions à la réception de ces devis peut attirer l'attention sur des aspects techniques qui n'auraient pas été abordés sans cela.

La rapidité, le sérieux et la clarté des devis sont de bonnes indications pour se faire une idée du travail de l'imprimeur.

La symbolisation par code à barres

Dans le monde économique d'aujourd'hui, l'identification des produits est devenue indispensable afin de bien les gérer.

Les codes à barres

☞ **Définition**

Le code à barres appartient à un ensemble de technologies connues sous le terme de « lecture optique » ou « entrée des données sans clavier ».

Les symboles des codes à barres consistent en une alternance de bandes claires et foncées. Celles-ci sont détectées au passage d'un point lumineux, la lumière étant absorbée par les barres foncées tandis que les espaces (bandes claires) la reflètent partiellement.

Les 3 types de codes à barres les plus usités sont :

- grand public ou grande distribution = EAN (autorité nationale Gencod,
- produits pharmaceutiques = CIP (code interne pharmaceutique),
- produits industriels = codes alphanumériques.

Le code EAN

Gencod (Groupement d'études de normalisation et de codification) est membre de l'EAN (Association européenne pour la numérotation des articles). Gencod gère pour la France les prescriptions mises en œuvre dans un système international.

Les codes EAN spécifiquement utilisés dans la grande distribution ont une place prépondérante dans le packaging ; c'est la raison pour laquelle nous détaillerons seulement le type de code à barres qui s'avère le plus complexe et délicat à imprimer.

➤ Symbolisation par code à barres EAN (*European Article Number*)

La grande distribution a choisi pour codifier les produits le code à barres EAN 13. Exceptionnellement pour des produits de très faibles volumes, le code à barres EAN 8 peut être utilisé.

➤ **Qu'est-ce qu'une structure à barres EAN ?**

- Un standard national de codification des biens de consommation courante.
- Une lisibilité automatique par des appareils de lecture lors des opérations d'encaissement dans les magasins ; un seul lecteur suffit pour les lire tous.
- Pour chaque article un code qui lui est propre et universel. On trouve des codes EAN d'aspects différents.
- Une représentation par un ensemble de barres alternées claires et foncées.

1 code à barres = l'empreinte digitale d'un article

SYMBOLE EAN :
du code
de l'article
(ou code à barres)

CODE EAN :
(ou numéro
de l'article)

3 456330 234511

Règles générales

Les master-films sont fournis à l'imprimeur par l'entreprise qui les fait élaborer par un fabricant spécialisé, après détermination du ou des supports intéressés dans le procédé d'impression considéré.

Tous les imprimeurs qui réalisent des travaux d'impression avec codes doivent opérer des tests d'imprimabilité à partir de jauges standard EAN (fournies par Gencod) sur l'ensemble de leur parc de machines. L'examen de ces tests permet de déterminer la gamme d'imprimabilité dont découlent :

- le facteur de grossissement, qui permet de connaître les dimensions du code,

• la réduction de largeur de barre, qui corrige les dimensions nominales des barres.

Produits à poids fixe

1 article = 1 code article = 1 code EAN
= 1 unité consommateur = 1 prix

Seuls les master-films fournis par l'entreprise doivent être utilisés et reproduits ispo facto (y compris les cadres techniques dans certains cas d'impression et surtout les marges conseillées : repères en formes d'équerre délimitant la zone de neutralité). En cas de manque de place, il est possible de tronquer les codes à barres en hauteur (voir normes existantes EAN).

Dimensions

Sur les maquettes, chaque fois que la place est suffisante, prévoir l'emplacement d'un code nominal de facteur de grossissement 1 pour les processus offset, typo, hélio et de 1,2 pour la flexographie. Il s'agit là de codes à barres EAN 13 et EAN 8 destinés aux unités de packaging consommateur (en aucun cas d'unités logistiques ou de certaines unités de regroupement qui répondent à d'autres spécifications).

Facteurs de grossissement		EAN 13		EAN 8	
		largeur	hauteur	largeur	hauteur
offset hélio	1	38 mm	26 mm	27 mm	22 mm
	1 tronqué	38 mm	22 mm	27 mm	19 mm
	0,9	34 mm	24 mm	25 mm	20 mm
flexo	1,4	53 mm	38 mm	pas recommandés	
	avec cadre technique	55 mm	40 mm		
	1,2	48 mm	34 mm		
	avec cadre technique	50 mm	35 mm		

Orientation du code à barres et positionnement

➤ Orientation

- En offset, il est toujours préférable d'imprimer les barres *parallèlement au sens d'impression.*
- *En flexo*, il est obligatoire d'imprimer les barres parallèlement au sens d'impression. De plus il est souhaitable, si le code n'est pas soutenu par des textes ou des éléments graphiques, de placer un cadre technique qui servira d'appui pour protéger les barres latérales contre tout écrasement excessif de l'encre.
- En sérigraphie les barres sont placées *perpendiculairement à une raclette.*
- En typo rotative et offset sec, les barres seront placées parallèlement au sens d'impression.
- En hélio, les barres doivent être impérativement placées perpendiculairement à la racle du cylindre.

Toutefois des essais ont permis de tolérer, dans des cas particuliers où le code ne peut être placé dans le bon sens, d'incliner celles-là de 15° à 20°.

☞ **Important**

Les codes à barres placés dans le mauvais sens selon les procédés d'impressions suscités poseront des problèmes que les imprimeurs ne pourront pas forcément maîtriser même si sur un tirage déterminé la fiabilité a pu être démontrée ; c'est toujours l'exception qui confirme la règle.

➤ Positionnement

En règle générale et selon les instructions de l'organisation Gencod, les codes à barres doivent toujours être placés sur la face latérale du produit considéré comme une unité consommateur ou le cas échéant au dos et en bas à droite de cette face.

Si la surface sur laquelle le symbole est imprimé est bombée, telles les boîtes métalliques cylindriques, il y a lieu de prendre en compte la courbure de l'emballage. Si l'angle formé par le centre du symbole avec le plan du tapis de caisse est supérieur à 30°, il y aura lieu d'orienter les barres perpendiculairement à la génératrice de l'emballage.

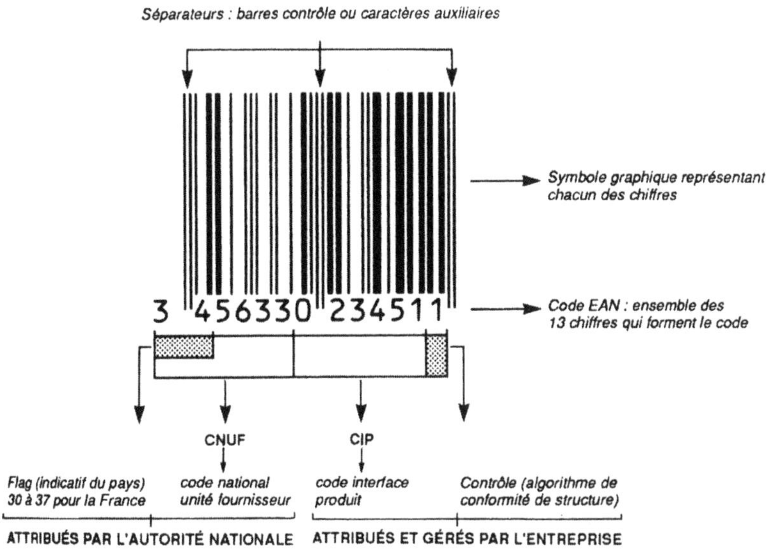

Structure d'un code EAN 13

Les petits produits avec code EAN 8

L'utilisation d'un code EAN 8 est généralement réservée aux produits dont les dimensions ne permettent pas, ou difficilement, d'insérer un code à 13 chiffres.

Les sociétés nationales de codification

Indicatifs des autorités de codification	Autorités de codification	Pays
00 à 09	UPC	États-Unis + Canada
30 à 37	Gencod	France
40 à 43	CCG	Allemagne
49	Distr. Code Center	Japon
50	ANA	Angleterre
54	ICODIF	Belgique + Luxembourg
57	Dansk Varek. Adm.	Danemark
600	South African Numb. Ass.	Afrique du Sud
64	Centr. Ch. of Coe	Finlande
70	Norsk Varekodefor	Norvège
73	Swedish EAN Comm.	Suède
76	SACV	Suisse
80 à 83	ITALCOD	Italie
84	AECOC	Espagne
860 à 861	YAAN	Yougoslavie
87	UAC	Pays-Bas
90-91	EAN Austria	Autriche
93	APNA	Australie
94	N.Z. Prod. Numb. Ass.	Nouvelle-Zélande

Le changement d'un code EAN répond à des règles précises.

La société Gencod distribue à ses adhérents les notices techniques intéressées, qui répondent entre autres aux points suivants :

- quand doit-on changer de code ?
- le code à barres et les promotions,
- les promotions sans incidence sur les prix de vente aux consommateurs (cadeaux, jeux, réductions différées, produits en plus),
- absorption ou fusion de société,
- rachat de marque ou de gamme de produits,
- peut-on utiliser à nouveau un code déjà utilisé ?

➤ Symbolisation par code à barres EAN 13 des produits à poids variable

Leur symbolisation reste à l'initiative des fabricants des produits Entreprise, et ce dans les spécifications définies par l'autorité nationale Gencod. Les services Entreprise communiquent le numéro de code affecté au produit intéressé. Toutefois un « Bon à tirer » sera soumis préalablement à la fabrication pour accord.

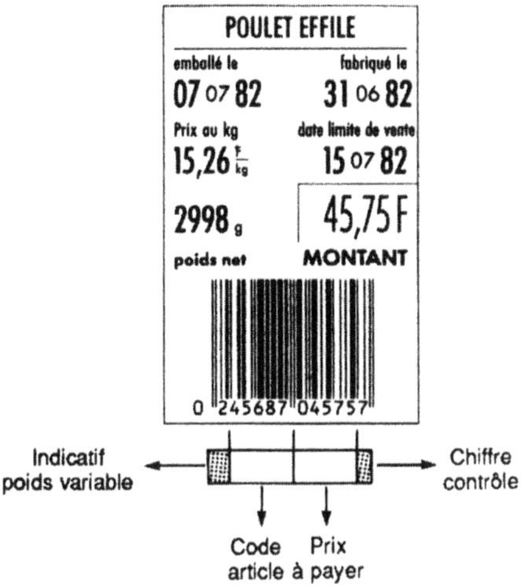

Articles vendus au poids dits à « poids variable »

Le premier chiffre « 0 » de l'indicatif « poids variable » n'est pas forcément imprimé ; il est cependant pris en compte.

Indicatifs : 20, 29 et 21 à 25.

➤ Symbolisation par code à barres EAN 13 des lots

Un lot est une unité de vente qui doit comporter un code EAN spécifique dont le code EAN de chaque unité composant le lot doit être occulté.

En cas de démontage du lot par le consommateur, les produits unitaires doivent pouvoir être lus à partir de leur code d'assortiment.

Éventuellement des adaptations pourront être définies quand le produit est présent dans le magasin à la fois individuellement et en unité de regroupement. Dans ce cas il devra être fait mention sur le lot : « En aucun cas cette unité ne doit être démontée, le produit individuel étant en vente dans ce magasin ».

Un échantillon du lot constitué devra être soumis au responsable de la codification, pour vérification de conformité et accord, avant commercialisation.

Suppression = 1 code lot EAN affecté = Bloqué 1 an

Le lot constitué de plusieurs unités-consommateur identiques (lots homogènes) ou différentes (lots hétérogènes) est aussi une unité-consommateur. Il est identifié par un nouveau code EAN.

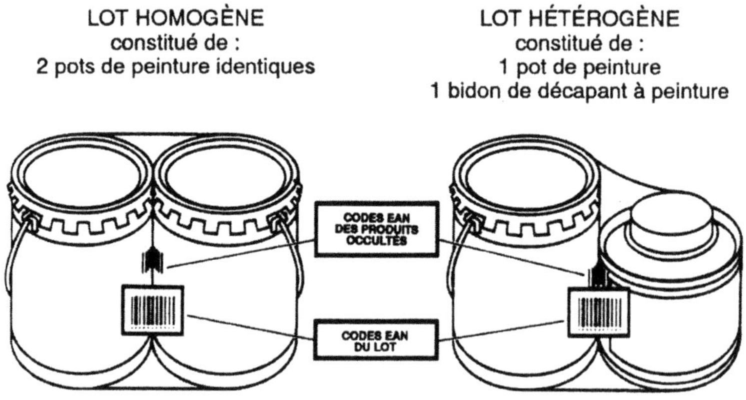

Le responsable de la codification dans l'entreprise doit veiller à ce que à une unité-consommateur donnée corresponde un code EAN et un seul.

Une fois défini, le code EAN de l'unité-consommateur ne doit pas changer tant que l'unité-consommateur, elle-même, ne change pas.

À une modification importante d'un des éléments de base caractérisant une unité-consommateur correspond généralement un changement de code.

Le contrôle

La responsabilité des commanditaires

Les différents intervenants (agence, illustrateurs, photographes, photograveurs, imprimeurs, etc.) en cas de difficultés, se rejetteront peut-être les responsabilités auxquelles l'entreprise doit faire face, quoiqu'il arrive.

En cas de litige grave, il sera nécessaire d'organiser une réunion générale au cours de laquelle chacun pourra exposer son point de vue et ses problèmes. Si cette réunion a bien été organisée comme prévu au commencement du travail, la quasi-totalité des problèmes graves auront été évités.

Dans le cadre de la responsabilité des diverses entreprises de la chaîne graphique, il apparaît des risques auxquels les différents intervenants s'exposent. Pour exemple ne serait-ce que dans le cas de la conformité des codes à barres EAN 13 considérés comme partie intégrante du produit, et dont la non-lisibilité peut être lourde de conséquences et de préjudices commerciaux.

Dans le cas d'un refus de marchandises, qui va avoir tort ? Le maquettiste qui a préconisé une couleur qui ne permet pas le décodage, l'imprimeur qui était le dernier rempart, le photograveur qui a pu modifier lors de la sélection la métrologie des barres, etc.

Il est prudent de connaître la structure des contrats d'assurance des commettants. Les contrats sont en général dits classiques et relèvent de la responsabilité du chef d'entreprise : faute inexcusable, recours de la Sécurité sociale, aides bénévoles, intoxications alimentaires, responsabilité civile après livraison (par exemple d'éventuelles poursuites juridiques par suite d'une ressemblance involontaire due à l'utilisation d'images existantes par les créatifs). Les clauses sont insuffisantes

TABLE DE COMPARAISON DE DENSITÉ POUR CODES A BARRES DESTINÉES A LA LECTURE OPTIQUE EN DISTRIBUTION (Ce tableau s'applique uniquement pour les tons directs Pantone, et non pour des travaux en quadri.)

Source : Association Technique pour la Maîtrise du Code à Barres, Tour Fiat, 1 place de la Coupole, Cedex 16, 92084 PARIS LA DÉFENSE

Mode d'utilisation des indices de densité figurant à côté des numéros Pantone

Cette table de comparaison a pour but de permettre au maquettiste de mieux apprécier le contraste entre la teinte envisagée pour le fond et celle dans laquelle sera imprimée les barres.
C'est le contraste entre ces deux teintes par rapport au rouge qui est important.

Nous avons défini 4 zones principales:

Densité du Fond	Densité des barres
○ 0,00 à 0,12	● 1,50 et +
⊘ 0,13 à 0,25	◉ 1,11 à 1,49
◒ 0,26 à 0,35	⊖ 0,90 à 1,10
⊗ 0,36 à 0,46	◍ 0,60 à 0,89

ATTENTION Le PURPLE et les numéros PANTONE dont la densité se situe entre 0.44 et 0.56 et qui ne figurent pas au tableau ne peuvent être utilisés ni comme teinte de fond ni comme couleur pour l'impression des barres.

○ 100	○ 140	○ 182	○ 224	● 266	● 309	● 349	⊗ 389	◉ 432	◉ 469	◒ 508	● 547
○ 101	○ 141	○ 183	○ 225	● 267	◍ 311	● 350	⊗ 390	● 433	◍ 470	⊘ 509	● 548
○ 102	○ 142	○ 184	⊘ 226	● 268	◉ 312	◒ 351	◍ 392	◒ 434	⊗ 471	⊘ 510	◍ 549
◒ 103	○ 143	○ 185	◒ 227	● 269	● 313	◍ 353	○ 393	⊗ 435	◒ 472	● 511	◍ 550
⊗ 104	○ 144	⊘ 186	◍ 228	⊗ 270	● 314	● 354	⊘ 394	◍ 436	⊘ 473	⊖ 512	⊗ 551
● 105	◒ 145	◍ 188	⊖ 229	◍ 272	● 315	● 355	⊘ 395	◍ 437	⊘ 474	◍ 513	◒ 552
○ 106	⊖ 147	○ 189	○ 230	● 273	● 316	● 356	◒ 396	◉ 438	⊘ 475	⊗ 514	● 553
○ 107	○ 148	○ 190	○ 231	● 274	◒ 317	● 357	⊗ 397	◉ 439	◉ 476	◒ 515	● 554
○ 108	○ 149	○ 191	○ 232	● 275	◍ 318	◒ 358	◍ 399	◉ 440	⊖ 477	⊘ 516	● 555
○ 109	○ 150	⊘ 192	◒ 233	● 276	⊖ 319	⊗ 360	⊘ 400	◒ 441	◍ 478	⊘ 517	◉ 556
⊘ 110	○ 151	◒ 193	◍ 235	⊗ 277	● 320	⊖ 361	◒ 401	⊗ 442	⊗ 479	⊖ 518	⊗ 558
⊗ 111	⊘ 152	◍ 194	○ 236	⊖ 279	● 321	⊖ 362	◍ 403	◍ 443	◒ 480	⊖ 519	◒ 559
◍ 112	◍ 154	⊖ 195	○ 237	● 280	● 322	◉ 363	⊖ 404	⊖ 444	⊘ 481	⊖ 520	● 560
○ 113	○ 155	○ 196	⊘ 238	● 281	◉ 323	◉ 364	◉ 405	◉ 445	⊘ 482	◒ 522	● 561
○ 114	○ 156	○ 197	⊘ 239	● 282	⊗ 324	⊘ 365	⊘ 406	● 446	⊖ 483	⊘ 523	● 562
○ 115	○ 157	○ 198	⊗ 240	◍ 284	◍ 325	◒ 366	◒ 407	● 447	⊘ 485	⊘ 524	◍ 563
○ 116	○ 158	⊘ 199	⊖ 242	◉ 285	● 326	⊗ 367	◍ 409	◉ 448	○ 486	◉ 525	⊗ 565
◒ 117	◒ 159	◒ 200	○ 243	● 286	● 327	◍ 368	⊖ 410	⊖ 449	○ 487	⊖ 526	◒ 566
◍ 119	⊖ 161	◍ 202	○ 244	● 287	● 328	⊖ 369	⊖ 411	⊖ 450	○ 488	◍ 527	● 567
○ 120	○ 162	○ 203	⊘ 245	● 288	● 329	⊖ 370	● 412	⊗ 451	○ 489	⊗ 528	● 568
○ 121	○ 163	○ 204	◒ 246	● 289	● 330	◉ 371	⊘ 413	◒ 452	◉ 490	◒ 529	● 569
○ 122	○ 164	○ 205	⊗ 247	⊗ 290	◒ 331	⊘ 372	◒ 414	⊘ 453	⊖ 491	⊘ 530	◍ 570
○ 123	○ 165	⊘ 206	⊖ 249	⊖ 292	⊗ 332	◒ 373	⊗ 415	⊘ 454	◍ 492	⊘ 531	⊗ 572
⊘ 124	⊘ 166	⊗ 207	○ 250	● 293	◍ 333	⊗ 374	◍ 416	◉ 455	⊗ 493	◉ 532	◒ 573
⊗ 125	⊖ 168	◍ 208	⊘ 251	● 294	● 334	◍ 375	◍ 417	◍ 456	⊘ 494	◉ 533	◉ 574
◉ 126	○ 169	◉ 209	⊘ 252	● 295	● 335	⊖ 376	⊖ 418	◉ 457	⊘ 495	◉ 534	◉ 575
○ 127	○ 170	○ 210	⊗ 253	● 296	● 336	⊖ 377	● 419	◒ 458	○ 496	◍ 535	● 576
○ 128	○ 171	○ 211	◍ 255	◍ 298	◒ 337	◉ 378	⊘ 420	⊘ 459	◉ 497	⊗ 536	⊗ 578
○ 129	○ 172	○ 212	⊘ 256	◉ 299	◍ 338	○ 379	◒ 421	⊘ 460	⊖ 498	◒ 537	◒ 579
○ 130	◒ 173	⊘ 213	◒ 257	● 300	⊖ 339	⊘ 380	⊗ 422	○ 461	⊖ 499	⊘ 538	⊘ 580
⊘ 131	◍ 174	◒ 214	◍ 258	● 301	● 340	◒ 381	◉ 424	⊖ 462	◒ 501	● 539	◉ 581
⊗ 132	⊖ 175	◍ 216	⊖ 259	● 302	● 341	⊗ 382	⊖ 425	◉ 463	◒ 502	● 540	◒ 582
◉ 133	○ 176	○ 217	⊖ 260	● 303	● 342	◍ 384	● 426	◉ 464	⊘ 503	● 541	◍ 583
○ 134	○ 177	○ 218	◉ 261	◒ 304	● 343	⊖ 385	⊘ 427	◒ 465	◉ 504	⊖ 542	◒ 584
○ 135	○ 178	○ 219	● 262	◍ 305	◒ 344	○ 386	⊗ 428	⊘ 466	⊖ 505	◍ 543	⊘ 585
○ 136	⊘ 179	⊗ 220	⊘ 263	◉ 306	◍ 346	⊘ 387	◍ 430	⊘ 467	⊖ 506	◒ 545	⊘ 586
○ 137	⊗ 180	⊖ 222	⊗ 264	● 307	● 347	⊘ 388	⊖ 431	⊘ 468	⊗ 507	● 546	⊘ 587
⊘ 138	◍ 181	○ 223	◍ 265	● 308	● 348	● Reflex Blue		● Process Blue		◉ Green	● Black
○ Warm red		○ Rubine Red		○ Rhodamine Red							

VERIFICATION DU CONTRASTE

Le contraste entre la teinte Pantone envisagée comme couleur de fond et celle prévue pour l'impression des barres sera donnée par rapprochement.

○ EXCELLENT ●	⊘ TRES BON ●	◒ BON ●	⊗ PASSABLE ●
○ TRES BON ◉	⊘ BON ◉	◒ FAIBLE ◉	⊗ TROP FAIBLE ◉
○ BON ⊖	⊘ FAIBLE ⊖	◒ TROP FAIBLE ⊖	⊗ TROP FAIBLE ⊖
○ PASSABLE ◍	⊘ TROP FAIBLE ◍	◒ TROP FAIBLE ◍	⊗ TROP FAIBLE ◍

aujourd'hui et elles devraient s'accompagner d'une *garantie spécifique* couvrant la responsabilité civile professionnelle et/ou après livraison pour tous dommages confondus (cela peut se dénommer assurance immatérielle). Les problèmes sont à voir avec les compagnies d'assurance de l'entreprise.

Le contrôle qualité

Le jugement et l'appréciation de l'entourage est d'une extrême importance. Un œil extérieur voit le packaging dans son ensemble mieux que celui qui a vécu tous les détails de la réalisation technique.

Il faut récupérer le BAT signé lors du calage de la machine, les cromalins ou les essais, et choisir dans différents lots et au milieu des lots un exemplaire.

L'encre ne doit pas avoir « bavé », ni être étalée de façon irrégulière.

Dans les zones opaques (sur des emballages transparents), il faut vérifier la densité de la couche blanche couvrante.

Les typographies doivent être lisibles, ni « écrasées », ni effacées.

Les tons directs doivent correspondre aux références pantones choisies, et la quadrichromie ne doit pas être fondamentalement différente du cromalin.

Le support doit bien correspondre à la commande : le papier par exemple doit avoir de la tenue, ne pas être mou, et doit avoir été imprimé dans le bon sens : sens marche du papier parallèle à la plus grande dimension (passage sur les étiqueteuses).

Le support doit avoir les propriétés nécessaires, par exemple des bouteilles en plastique ou en verre ne doivent pas être brûlées, ni être déformées, ni être rayées. Pour des étiquettes autocollantes, il faut vérifier la qualité de l'autocollant, du vernis ou du pelliculage.

CHAPITRE 7

La maîtrise des délais et des coûts

Le planning

Le planning des différentes étapes de la réalisation de vos packagings est-il clairement défini à l'avance avec vos fournisseurs ?

oui : 92,2 % non : 6,2 %

ne se prononcent pas : 1,6 %

➤ Lifting ou nouveau produit

Le planning est un des éléments les plus importants dans la réussite qualitative d'un travail. S'il est trop juste, aucune marge de manœuvre n'est possible. Toutes les décisions ou solutions apportées à un problème le seront le plus souvent par dépit. S'il est trop long, l'attention et la vigilance de chacun risquent d'être moins fortes, et cela peut occasionner, autant que des délais trop courts, des risques d'erreurs. Dès le départ, définissez avec vos fournisseurs le plus juste équilibre concernant le temps de leur intervention.

Les délais moyens ci-après sont justifiés pour la réalisation d'un seul packaging du type boîte carton ou sachet plastique. Ils peuvent varier selon la complexité du travail, vers des délais plus longs, mais rarement plus courts. Le délai justifié en face de chaque étape inclut les corrections éventuelles. Dans l'hypothèse où il n'y en aurait pas, celui-ci pourrait être légèrement réduit. La déclinaison d'un packaging dans différentes versions de couleurs ou de tailles différentes n'engendre pas de grands changements au niveau des délais de réalisation, cela dans une juste proportion.

➤ Étapes

Le travail se décompose en 7 étapes (délais moyens).

Le brief de départ : l'analyse et les recommandations (store-check, réflexion) : 10 jours à 2 semaines

La conception : 15 jours à 3 semaines

- brief définitif,
- conception maquettes rough et conception rédactionnelle (2 à 3 étapes).

La réalisation de maquettes finalisées : 1 semaine

La réalisation de tests : 3 semaines

L'exécution : 2 semaines

- prise de vues ou illustrations,
- exécution des documents pour photogravure (mise au propre des textes fournis, photocomposition, opérations labo),
- contrôle des prises de vues,
- contrôle des documents pour corrections éventuelles,
- relecture des documents après éventuelles corrections pour « bon à graver ».

La photogravure : 1 semaine à 10 jours

- photogravure,
- corrections éventuelles de photogravure (sur cromalin ou essai),
- présentation photogravure pour « bon à tirer ».

L'impression : 5 à 8 semaines

- fabrication du support (papier, carton),
- remise des films à l'imprimeur pour fabrication des plaques ou cylindres, etc.,
- calage machine pour impression,
- façonnage,
- assemblage,
- livraison.

➤ *Les imprévus*

La connaissance de toutes les étapes détaillées ci-dessus permet d'éviter de façon presque totale les risques d'imprévus. Néanmoins, ne vous engagez pas trop vite : attendez de constater l'évolution normale du travail. En effet, dans la réalisation d'un travail qui fait appel au croisement de nombreuses technologies, la perfection n'est hélas que trop souvent une recherche permanente de compromis.

Les budgets

Les chiffres suivants permettent de se situer réellement par rapport au marché, et de situer le tarif des agences actuelles par rapport à ce même marché.

Les grandes agences de packaging estiment que les prix varient entre 31 000 et 46 000 euros (200 000 et 300 000 francs) pour la création d'un seul produit (conception volume et graphique). La déclinaison de toute une gamme peut entraîner des budgets allant jusqu'à 150 000 à 300 000 euros (1 à 2 millions de francs). Les agences de taille moyenne pratiquent des tarifs plus modestes, environ 8 000 à 15 000 euros (50 000 à 100 000 francs) pour la création d'un seul produit. Le prix reste en packaging un critère de choix déterminant, qui a autant d'importance que la créativité, les références, et la capacité de l'agence à appréhender le problème.

Il est important, au-delà du prix de départ annoncé par les agences, de bien envisager tous les suppléments de coûts ou « budgets à tiroir ». Cette analyse effectuée, il est alors possible de comparer définitivement les devis.

Les grosses agences sont plus chères mais plus fiables, de par leur structure et leur expérience. Les agences moyennes sont moins chères, et aussi parfois plus motivées à gagner durablement la confiance de l'entreprise.

Les devis

L'entreprise doit exiger auprès de tous ses fournisseurs des devis détaillés, de façon à pouvoir éliminer un poste ou un autre selon ses budgets. Quel que soit le travail, elle aura à payer les services suivants :

- l'analyse et la recommandation stratégique de l'agence qui est un prix forfaitaire basé sur l'importance du travail à fournir. Les tarifs des agences sont très différents concernant ce travail : certaines allant jusqu'à ne pas le facturer, considérant qu'il s'agit d'une étape de base de toute façon indispensable pour les créatifs de l'agence ;
- la conception, c'est-à-dire le temps nécessaire à la réalisation des maquettes rough, selon le tarif horaire de l'agence et éventuellement des frais techniques selon le degré de finalisation demandé pour ces maquettes ;
- les maquettes finalisées, qui coûtent du temps et des frais techniques compo/transferts ;
- l'exécution, qui est le temps nécessaire au montage des documents, selon le tarif horaire de l'agence, plus la photocomposition des textes et les opérations labo ;
- les prises de vues ou illustrations, un prix forfaitaire de départ correspondant à la valeur du photographe ou de l'illustrateur, plus des frais techniques divers pour les prises de vues, les frais de développement des pellicules et les droits d'auteur ;
- la photogravure, un tarif forfaitaire de départ, comprenant tous les frais techniques, films compris ainsi que les cromalins ou les essais ;
- l'imprimerie, un prix forfaitaire de départ, comprenant les plaques, cylindres, etc., nécessaires à l'impression (réalisées à partir des films), le tirage, le support à imprimer (carton, verre, etc.) auquel peuvent s'ajouter en supplément le vernis (des frais techniques), le façonnage (des frais techniques), l'assemblage (un tarif horaire de main-d'œuvre, ou des frais techniques).

Le tableau suivant résume les éléments qui interviennent dans le coût de la réalisation d'un packaging et qui peuvent être facturés par l'agence.

Les devis reposent sur un brief de départ ; il est donc important que le brief soit précis car, selon l'évolution du travail, les prix peuvent varier. Il est prudent, lors de l'établissement des budgets, de prévoir une marge de sécurité, même minime, pour couvrir ces risques.

Il ne faut pas demander un devis dans un délai trop court, car cela peut dans certains cas avoir une incidence sur le montant de celui-ci ; en effet, un devis calculé trop vite peut être majoré par sécurité.

Mieux vaut faire faire aussi souvent que possible des devis comparatifs, et le faire savoir à ses fournisseurs favoris. Même si d'avance, ces derniers savent qu'ils ont la confiance de l'entreprise cliente, et qu'a priori le travail leur reviendra, ils ne doivent pas se trouver en terrain conquis, cela aurait forcément à la longue une incidence sur les devis présentés.

Schéma d'intervention d'une agence de création packaging

Étape de création	• analyse et recommandations • création : 3 directions différentes minimum • mise au net (éventuellement plusieurs séances) • maquettes semi-finalisées • frais techniques
Déclinaison	• changement de typographie, de couleur, d'illustration, etc. • dans un même format
Adaptation	• changement de format ou de nature de l'emballage
Maquettes finalisées	• toutes faces • tous textes en place • selon complexité ou nature du procédé : sérigraphie ou transfert
Documents d'exécution	• documents conventionnels • réalisation de graphismes particuliers • éléments graphiques en puzzle
Photographies	• selon complexité • standard • ambiance y compris toutes assistances
Illustrations	• selon complexité • hyper-réalistes • standards • figurines
Assistance technique	• réunion technique, bon à tirer sur machines, etc.
Frais de déplacement	

La facturation

La facture du travail fourni doit être la plus détaillée possible et correspondre au devis qui a été soumis au préalable. Si elle est différente, il peut y avoir plusieurs raisons possibles.

- *L'analyse et la recommandation stratégique :* si le brief a changé, le travail sera à recommencer et sera facturé une seconde fois ;
- *La conception :* les maquettes rough ont été refaites pour avoir changé le brief en cours de travail. L'agence n'y est pour rien ; elle facturera la nouvelle conception en plus de la première ;
- *La maquette finalisée :* idem « l'exécution » ;
- *L'exécution :* après avoir fait commencer l'exécution du document, l'entreprise a changé certains textes ou certains éléments définis au départ. Cela s'appelle en langage technique des « corrections d'auteur ». Elles seront facturées en plus sur les bases normales de facturation du travail (temps + frais techniques) ;
- *Les prises de vues ou illustrations :* l'entreprise les fait refaire parce que le résultat ne correspond pas à ce à quoi elle s'attendait. Si le travail est identique au brief, et sans reproches techniques, la deuxième prise de vues ou illustration sera facturée sur les mêmes bases et en plus de la première. Si l'entreprise a oublié de faire préciser sur le devis le montant des droits, elle peut s'attendre à une éventuelle modification du prix ;
- *La photogravure :* à la visualisation des cromalins ou essais, l'entreprise demande des corrections de mise en page, de textes (même pour fautes d'orthographe), de mise en couleurs, le changement de photos ; alors la presque totalité des films, des cromalins ou des essais selon les corrections demandées seront à refaire. Dans ces cas, il faut s'attendre à des modifications de prix assez conséquentes. Les seules corrections à apporter sur une photogravure se situent exclusivement au niveau de la mise en couleurs du document. Si celle-ci n'est pas conforme à la demande, il y a lieu d'apporter une ou plusieurs corrections sur les films, et de refaire un cromalin ou essai à charge du photograveur. Si le changement de couleurs revient à l'entreprise, le coût de cromalin ou d'essai aussi ;
- *L'impression :* l'entreprise a :

– demandé des quantités de tirage plus importantes que sur le devis,
– fait rajouter un vernis,
– modifié les formats,
– augmenté les caractéristiques techniques du support,
– augmenté le nombre d'opérations de pliage,
– augmenté le nombre de couleurs à imprimer.

Ces opérations lui seront facturées en supplément.

Si elle fait refaire un travail qui ne lui plaît pas : s'il est conforme au cromalin ou à l'essai par ses couleurs, et que la qualité globale de l'impression est bonne, le travail sera facturé une deuxième fois (dans ce cas, il aurait fallu faire refaire le cromalin ou l'essai).

L'adresse de livraison est autre que l'adresse du devis : il est possible, si cette distance est plus longue que la première, que l'on facture la différence.

La livraison

Les devis de l'imprimeur concernent un seul point de livraison, le plus souvent défini à la réalisation du devis, la livraison étant comprise dans le prix (il est possible de demander des devis pour des lieux de livraison différents).

Il est possible de regrouper les packagings par paquets, chacun d'une quantité définie par l'entreprise. Cela engendrera néanmoins un surcoût. Ces paquets, pour des emballages papier ou carton, seront fermés le plus souvent avec des papiers kraft, mais un exemplaire du packaging contenu sera collé sur chaque paquet. Cela facilite le repérage pour la manutention, mais de ce fait les packagings, lors de la livraison à l'entreprise, seront visibles par tous.

Lors de la livraison, le contrôle permet de s'assurer (ou de faire assurer selon un cahier des charges remis à la personne qui réceptionne la livraison) que le travail livré correspond bien à la demande. Le responsable va pouvoir porter un jugement sur ce packaging sur lequel il a longuement travaillé, et il en sera totalement ou partiellement satisfait.

Si la qualité de la livraison ne convient pas – un packaging avec une encre qui a coulé, un mauvais pliage, un mauvais assemblage, ou ne correspondant pas au modèle précédent par ses couleurs ou sa qualité – il ne doit pas hésiter à s'expliquer avec son imprimeur et le cas échéant à faire refaire le travail.

Conclusion à la bonne réalisation d'un packaging

Le but essentiel de cet ouvrage a été de vous sensibiliser aux véritables enjeux économiques que représente un bon packaging pour votre entreprise ; et par conséquent de consolider la place qu'il doit prendre dans votre stratégie marketing, tout en vous donnant les moyens d'en conduire efficacement la réalisation. Chaque création en packaging est une aventure qui se vit différemment selon les conditions dans lesquelles elle est réalisée : ce ne sont jamais les mêmes paramètres à prendre en compte. En packaging comme dans d'autres domaines, ce sont les problèmes résolus qui permettront une bonne progression et qui enracineront qualitativement vos multiples réalisations.

Le meilleur résultat que vous pouvez escompter à travers la qualité de votre packaging est qu'il soit, pendant un temps le plus long possible, le packaging de référence en la matière. Il doit devenir par sa forme, ses couleurs, sa construction graphique un point de repère pour vos clients et pour vos concurrents.

L'élaboration d'un brief packaging complet sera pour vous la meilleure garantie de qualité d'un bout à l'autre de sa réalisation. Vous pourrez alors escompter à travers ce nouveau packaging différents types de résultats :

- l'augmentation de vos ventes en correspondance avec vos objectifs,
- un packaging qui par sa conception atteindra la cible visée,
- un message qui sera traduit clairement dans l'esprit du consommateur,
- la prise en compte des attentes des consommateurs, de leurs habitudes, du marché, de la concurrence.

Mais vous devrez aussi attendre de votre packaging qu'il défende parfaitement les couleurs de votre entreprise, et qu'il aille dans le sens de l'image que vous souhaitez donner de votre société et de vos produits.

Annexes

Mention des adresses

- Identification de commercialisation de la marchandise

La seule mention à faire figurer généralement sur les produits Entreprise est : Entreprise (raison sociale…) adresse postale.

- Identification du prépackaging

Sous la mention Entreprise porter EMB suivi du numéro et de la lettre éventuels attribués par le Service des poids et mesures de l'établissement qui assure le conditionnement des marchandises.

- Identification du fabricant

Dans certains cas, il n'est pas nécessaire d'indiquer le code packaging délivré par le Service des poids et mesures, l'identification des prépackagings se fait par l'indication d'un code fabricant délivré par le Service de la répression des fraudes ou par une estampille sanitaire à la suite d'un agrément par les Services vétérinaires compétents.

  - Numéro fabricant : FAB suivi du numéro et de la lettre attribuée par l'Administration concernée. C'est principalement le cas pour les conserves et semi-conserves.
  - Numéro d'atelier agréé, estampilles sanitaires : pour les produits tels que conserves, semi-conserves, glaces et crèmes glacées, produits laitiers, surgelés, conserves, à base de viande destinée à la consommation humaine, l'identification du prépackaging est assujettie à l'inscription à un registre des services de contrôle. Dans certains cas une estampille sanitaire nationale et/ou communautaire doit figurer sur l'emballage.

- Produits importés
  - Mention d'importation : importé de (pays en 4 mm de haut) pour tous les pays autres que ceux de la Communauté européenne.
  - Adresse ou non de l'importateur : voir le tableau annexé.
- Positionnement et typographie

L'ensemble de ces mentions devront être regroupées dans un même champ visuel, et dans un corps en harmonie avec les normes métrologiques et les procédés d'impression. Ces mentions seront composées en caractères gras si elles viennent en réserve dans un aplat de couleur foncée, en corps 6 minimum pour les impressions réalisées en flexographie ou héliogravure. En cas de caractères inférieurs, une bonne lisibilité devra être assurée.

- Important

Les règles sont bien entendu à appliquer dans le cadre de la législation en vigueur et en tenant compte des réglementations d'exception d'usage.

Dates limites de vente

<table>
<tr><th>Denrée périssable dans un délai de :</th><th>6 semaines maxi</th><th colspan="3">Supérieur à 6 semaines</th></tr>
<tr><td>Nature de la date</td><td>DLC (date limite de consommation)</td><td colspan="3">DLUO (date limite d'utilisation optimale)</td></tr>
<tr><td>Mention précédant la date</td><td>– « À consommer avant… »
– « À consommer avant la date figurant… »</td><td colspan="3">– « À consommer de préférence avant… »
– « À consommer de préférence avant fin… »</td></tr>
<tr><td rowspan="4">Expression de la date</td><td rowspan="4">– Jour / Mois
– Année ou éventuellement
– Jour / Mois</td><td colspan="3">Jour / Mois / Année</td></tr>
<tr><td colspan="3">ou éventuellement si durée</td></tr>
<tr><td>inf. à 3 mois</td><td>entre 3 et 18 mois</td><td>inf. à 18 mois</td></tr>
<tr><td>Jour Mois</td><td>Mois Année</td><td>Année</td></tr>
</table>

Textes réglementaires nationaux avant le 20 juin 1992 :

- Modification de l'expression de la date limite de consommation qui devra être précédé de la mention : « à consommer jusqu'au » au lieu de « à consommer avant ».
- Identification du lot auquel appartient une denrée alimentaire.

Adresse d'importation

<table>
<tr><th>Lieu de conditionnement</th><th>Présence ou absence du e</th><th>Mentions obligatoires répondant aux dispositions du décret étiquetage et du décret métrologie</th></tr>
<tr><td rowspan="2">Produit conditionné en France</td><td>présence</td><td rowspan="2">Nom et adresse en clair du conditionneur en France
ou
Nom et adresse en clair d'un vendeur dans la CE ou du fabricant et identification du conditionneur en France (adresse en clair ou code)</td></tr>
<tr><td>absence</td></tr>
<tr><td rowspan="2">Produit conditionné dans un autre pays de la CE</td><td>présence</td><td>Nom et adresse en clair de l'importateur dans la CE
ou
Nom et adresse en clair d'un vendeur dans la CE ou du fabricant et identification du conditionneur dans la CE (adresse en clair ou code)</td></tr>
<tr><td>absence</td><td rowspan="2">Nom et adresse en clair de l'importateur en France
ou
Nom et adresse en clair d'un vendeur dans la CE du fabricant ou du conditionneur et identification de l'importateur en France (adresse en clair ou code)</td></tr>
<tr><td rowspan="2">Produit conditionné hors CE</td><td>absence</td></tr>
<tr><td>présence</td><td>Nom et adresse en clair de l'importateur dans la CE
ou
Nom et adresse en clair d'un vendeur dans la CE du fabricant ou du conditionneur et identification de l'importateur dans la CE (adresse en clair ou code)</td></tr>
</table>

Normes métrologiques : masses et volumes et signes associés

Le poids ou la contenance

poids *inférieur ou égal à 50 g* contenance *inférieure ou égale à 5 cl*	hauteur *2 mm*
poids *supérieur à 50 g et inférieur ou égal à 200 g* contenance *supérieure à 5 cl et inférieure ou égale à 20 cl*	hauteur *3 mm*
poids *supérieur à 200 g et inférieur ou égal à 1 000 g* contenance *supérieure à 20 cl et infériure ou égale à 100 cl*	hauteur *4 mm*
poids *supérieur à 1 000 g* contenance *supérieure à 100 cl*	hauteur *6 mm*

Le taux d'alcool X % vol.

Pour les spiritueux (+ 25 % d'alcool) :

- X % : hauteur *5 mm* minimum (sauf *3 mm* pour faibles volumes),
- vol : hauteur suffisante pour être lisible.

Pour les vins :

- X % : hauteur *3 mm* minimum,
- vol : hauteur suffisante pour être lisible.

Signes associés

vignette Sécurité sociale : Ø 12 mm – vol mini > 10 cl

Signes communautaires

e : (contrôle de production, métrologie de contenu)	Signes communautaires garantissant le contrôle de la production et la conformité de qualité métrologique.
ε : (contenant : récipient mesure Epsilon)	Hauteur minimale *3 mm*. Placé dans le même champ visuel de l'indication de masse ou de volume.

A D Symboles apéritifs et digestifs : supprimés.

Règles générales

- Observer exactement les indications des tableaux, en particulier pour le choix des lettres et pour l'emploi des majuscules et des minuscules.

  Exemples : gr = grade et non pas gramme ; M = Méga et non pas mètre ; C = Coulomb et non pas centime)
- Écrire les symboles sans « s » au pluriel et sans point final.

  Exemples : 7 kg et non Kg. ou kgs ; la lettre « s » est en effet réservée pour les secondes de temps.
- Ne pas séparer le symbole du préfixe de celui de l'unité.

  Exemple : 7 mm et non m/m ou m.m. D'après les règles des produits, le symbole m/m représente une pente en mètre par mètre.
- Lorsqu'une grandeur est le *produit* de deux autres, séparer les deux symboles composants par un point, signe de la multiplication.

  Exemples : couples en m • kg ; travail en kg • m ou en kW • h.
- Lorsqu'une grandeur est le *quotient* de deux autres, séparer les deux composants par une barre inclinée, signe de la division.

  Exemples : pressions en kg/cm^2 ; vitesse en km/h.
- N'inscrire les symboles qu'après les nombres et non dans le corps du nombre.

  Exemples : 1,70 m et non 1 m,70 ; 57,25 € et non 57,€25.
- Pour les nombres entiers : séparer les tranches de trois chiffres, à partir de la droite par un espace blanc et non par un point.

  Exemples : 46 527 et non 46.527.
- Pour les nombres fractionnaires : séparer la fraction décimale par une virgule et séparer les tranches de trois chiffres à partir de la virgule, par un espace blanc et non par un point.

  Exemples : 0,325 76 et non 0,325.76.
- Écrire en mêmes caractères et sur une même ligne tous les chiffres d'un nombre entier ou fractionnaire.

  Exemples : 3,75 et non $3,^{75}$ ou 3^{75}. (Les chiffres décalés vers le haut représentent des exposants.)
- Ne jamais écrire les parties fractionnaires sous forme de fraction.

  Exemples : 0,5 et non 1/2 ; 3,75 et non 3 3/4.

Symboles du système métrique

Extrait de la norme BNA 13 octobre 1935

Symboles des unités principales

Ces symboles s'écrivent sans « s » au pluriel
et sans point final. La lettre « s » signifie « seconde ».

Symboles de grandeurs mathématiques

égal	=	égal environ	≅
plus petit ou égal à	≤	différent de	≠
plus grand que	>	pour cent	%
plus petit que	<	pour mille	‰

Unités géométriques

1° Longueur

mégamètre	Mm	décimètre	dm
myriamètre	mam	centimètre	cm
kilomètre	km	micromètre	µm
hectomètre	hm	le mille marin (unité autorisée	
décamètre	dam	à titre provisoire) vaut	1 850 m

2° Superficie

mètre carré	m^2	*Surfaces agraires*	
décimètre carré	dm^2	hectare	ha
centimètre carré	cm^2	are	a
millimètre carré	mm^2	centiare	ca

3° Volume

mètre cube	m^3	*Mesures de capacité*	
décimètre cube	dm^3	pour liquides, céréales et	
centimètre cube	cm^3	matières pulvérulentes	
millimètre cube	mm^3	hectolitre	hl
		décalitre	dal
		litre (= 1 dm^3)	L ou l
		décilitre	dl
		centilitre	cl
		millilitre (= 1 cm^3)	ml

4° Angle plan

angle droit	D	radian : $\left(\frac{2\,D}{\pi}\right)$	rad
degré	d ou °	grade	gr
minute d'angle	'	décigrade	dgr
second d'angle	"	centigrade	egr
tour (= 4 D)	tr	milligrade	mgr

Unités de masse

tonne (unité MTS)	t	décigramme	dg
quintal	q	centigramme	cg
kilogramme (unité MKSA)	kg	milligramme	mg
hectogramme	hg	microgramme	µg
décagramme	dag	Dans le commerce des pierres précieuses on emploie le carat qui vaut 2 dg.	

Unités de temps

jour	j	minute	min
heure	h	seconde	s

Unités mécaniques

Vitesse	mètre par seconde : m/s nœud : 0,514 m/s environ
Accélération	mètre par seconde carré : m/s^2 centimètre par seconde carré : cm/s^2
Vitesse angulaire	radian par seconde : rad/s tour par seconde : tr/s tour par minute : tr/min
Fréquence	hertz = Hz
Masse volumétrique	kilogramme par m^3 : kg/m^3
Force	sthène (= 10^3 N) : sn newton (= 10^3 sn) : N dyne (= 10^5 – N) : dyne
Moment	mètre sthène = $10^3 \wedge NM \wedge sn$ mètre newton = $10^3 \wedge snm \wedge N$

Énergie ou Travail	Kilojoule : kJ joule : J erg (= 10^7 J) : erg kilowattheure : kWh wattheure (= 3,6 kJ) : Wh
Puissance	kilowattheure : kWh watt : W
Pression	hectopièze (ou bar) : hpz (ou b) pièze : pz millipièze (ou pascal) : mpz (ou Pa)
Viscosité dynamique	myriapoise : maPo décapoise : daPo poise : Po centipoise : cPo
Viscosité cinématique	stokes : Sk centistokes : cSk

Unités électriques et magnétiques

ampère (unité MKSA)	A	kilocoulomb	kC
kiloampère	kA	coulomb	C
milliampère	mA	Farad	F
microampère	µA	microfarad	µF
mégavolt	MV	henry (unité MKSA)	H
kilovolt	kV	millihenry	mH
volt (unité MKSA)	V	microhenry	µH
millivolt	mV	siemens (unité MKSA)	S
microvolt	µV	weber (unité MKSA)	Wb
térohm ou téraohm	TΩ	maxwel (10^{-8} Wb)	Mx
mégohm	MΩ	weber par mètre carré (unité MKSA)	WB/m^2
ohm (unité MKSA)	Ω	gauss (10^{-4} WB/m^2)	Gs
microhm	µΩ		

Unités calorifiques

1° Température		microthermie (= 4,18 J env.) (unité CGS)	µth
degré centigrade	°C	ou calorie (unité CGS)	cal
2° Quantité de chaleur		frigorie	fg
thermie (unité MKSA)	th	joule (°)	J
millithermie (ou kilocalorie) (unité MKSA)	mth kcal		

(°) Adopté comme unité MKSA de quantité de chaleur par la IXe Conférence générale des Poids et Mesures

Unités calorifiques

candela ou bougie nouvelle	cd ou B	phot nouveau (10^4 lx)	phot
candela par cm^2 ou stilb (= 10^{-4} cd/m^2)	cd/cm^2	lux nouveau	lx
candela au m^2 ou nit	Kcd/m^2	dioptrie	S
lumen nouveau	lu		

Symboles des préfixes

(Les préfixes s'écrivent immédiatement avant l'unité, sans espace ni séparation)

Multiples				*Sous-multiples*			
10^1	10	déca	da	10^{-1}	0,1	déci	d
10^2	100	hecto	h	10^{-2}	0,01	centi	c
10^3	1 000	kilo	k	10^{-3}	0,001	milli	m
10^6	1 000 000	méga	M	10^{-6}	0,000 001	micro	µ
10^9	1 000 000 000	giga	G	10^{-9}	0,000 000 001	nano	n

Métrologie des prépackagings

Qu'est-ce qu'un prépackaging ?

Un produit est dit préemballé lorsqu'il est conditionné hors de la présence de l'acheteur dans un packaging tel que la qualité du produit ne puisse être modifiée. Un prépackaging est donc l'ensemble d'un produit et de l'emballage dans lequel il est présenté en vue de la vente.

Signification des signes communautaires e *et* ε *(epsilon)* (voir planche)

Ils permettent la libre circulation des produits sur lesquels ils sont apposés à l'intérieur de la CE.

Le signe e

Le signe e peut être apposé sur tout prépackaging sous la responsabilité du conditionneur de ce prépackaging, sous réserve qu'il fasse part de son intention à M. le Chef de bureau départemental du Service des instruments de mesures dont il dépend et qu'il se plie aux mesures statistiques de production exigées.

Ce signe doit être placé dans le même champ visuel que l'indication de la masse ou du volume nominal. Sa hauteur doit être de 3 mm minimum.

Il indique que le conditionneur effectue un contrôle de production et qu'il peut justifier de la conformité de la qualité métrologique.

Le signe ε *(epsilon)*

C'est le signe garantie de récipient-mesure par le fabricant de contenants : verre, flacon, boîtier métal, etc., dont le conditionneur peut s'aider pour garantir le contenu.

Il garantit qu'un lot de contenant, tel le verre, portant ce signe et considéré comme emballage vide, respecte bien les règles statistiques donnant à ces contenants la qualité d'instruments de mesure.

Applications

De ce fait, pour un préemballage constitué d'un contenant et d'un contenu (une bouteille de vin par exemple) quatre possibilités de métrologie sont envisageables :

- apposition des signes ε (sur contenant) et e (sur contenu : étiquette ou habillage) ;
- apposition des signes ε sur le contenant seulement ;
- apposition du signe e sur le contenu uniquement (étiquette ou habillage) ;
- pas d'apposition de signe.

Seules les possibilités 1 et 3 permettent une libre circulation douanière du prépackaging considéré à l'intérieur de la CE, et seules les possibilités 1 et 2 allègent les contrôles à pratiquer par le conditionneur, ceux-ci devant être tenus à la disposition des services de l'administration. La quatrième possibilité limite uniquement la libre circulation sur le plan national.

Métrologie signes communautaires

Construction

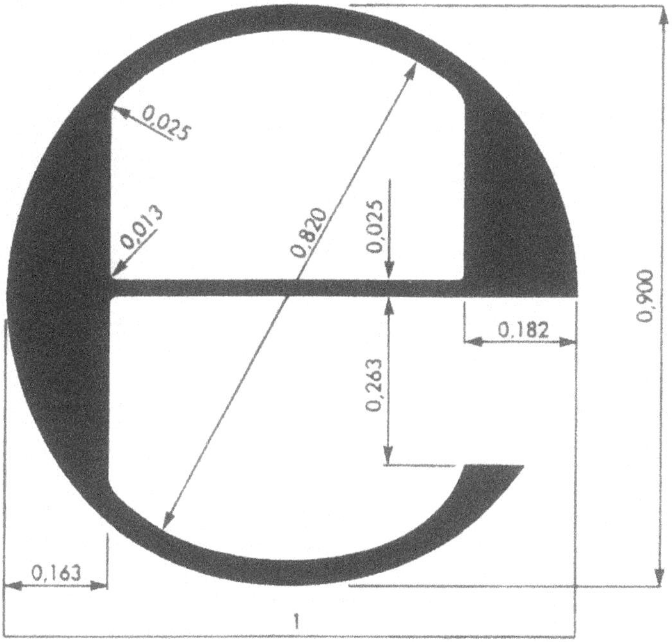

Signe à placer dans le même champ visuel que l'indication de la masse ou du volume nominal

Sa hauteur minimale doit être de 3 mm.

Élément de base pour reproduction

- Garantie : masse ou volume (contenu)

  e e e

- Récipient : Mesure (contenant)

  ε ε ε

Pictogrammes

1. Protection de l'environnement

2. Recyclage des emballages

3. Matériau alimentaire

Pictogrammes relatifs au stockage, à la manutention, à l'ouverture des emballages et à l'identification du produit.

Ces pictogrammes sont destinés à symboliser les informations indispensables au bon usage des packagings, évitant ainsi le risque de détérioration du contenu et la perte de temps à l'ouverture et lors de l'extraction du produit. (Source : USFO)

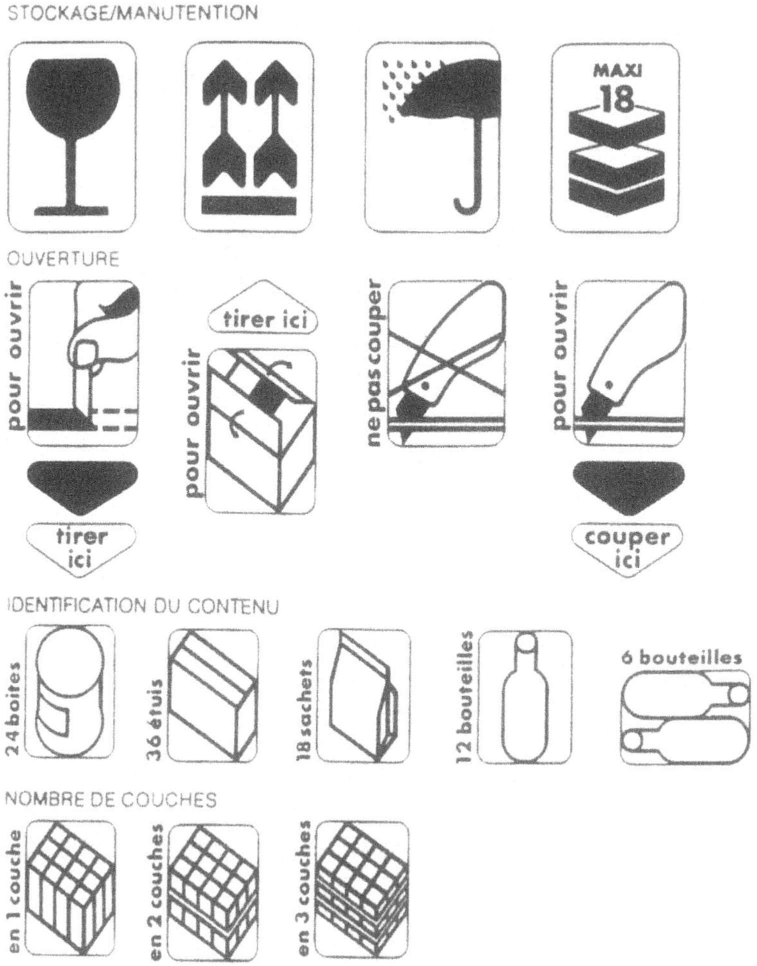

Estampilles sanitaires

Pour les produits d'origine animale (produits carnés, produits laitiers, etc.) les estampilles sanitaires doivent figurer sur les packagings selon les exigences réglementaires en vigueur. On devra se reporter aux textes spécifiques pour chaque type de produit.

Dans tous les cas les mentions portées devront être parfaitement lisibles, indélébiles, nettement apparentes. Pour cetaines estampilles, des dimensions sont imposées : elles doivent être respectées.

Modèles de base pour reproduction graphique

Forme extérieure
estampille communautaire

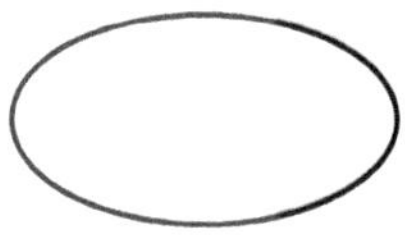

Forme extérieure
estampille nationale

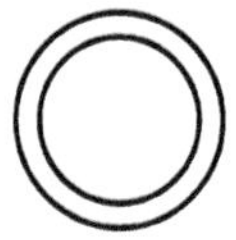

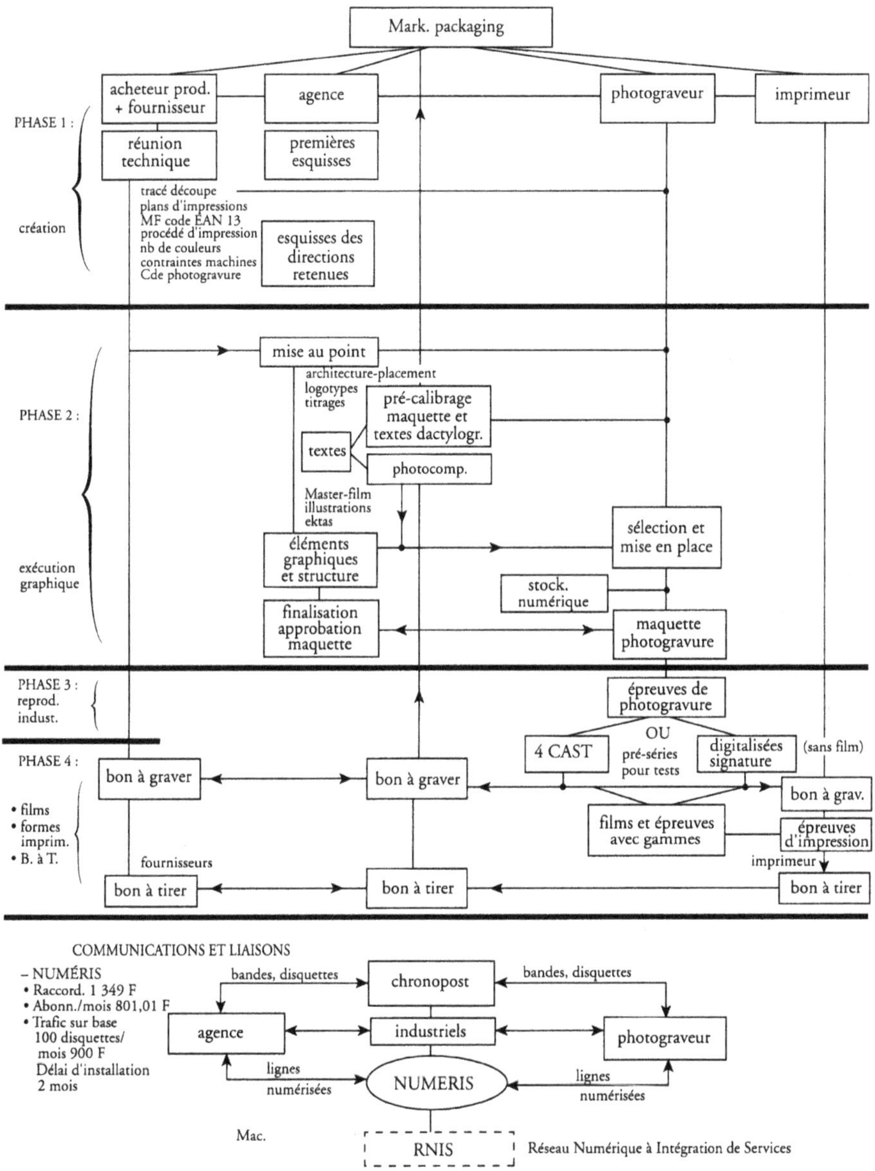

Déroulement d'un dossier packaging

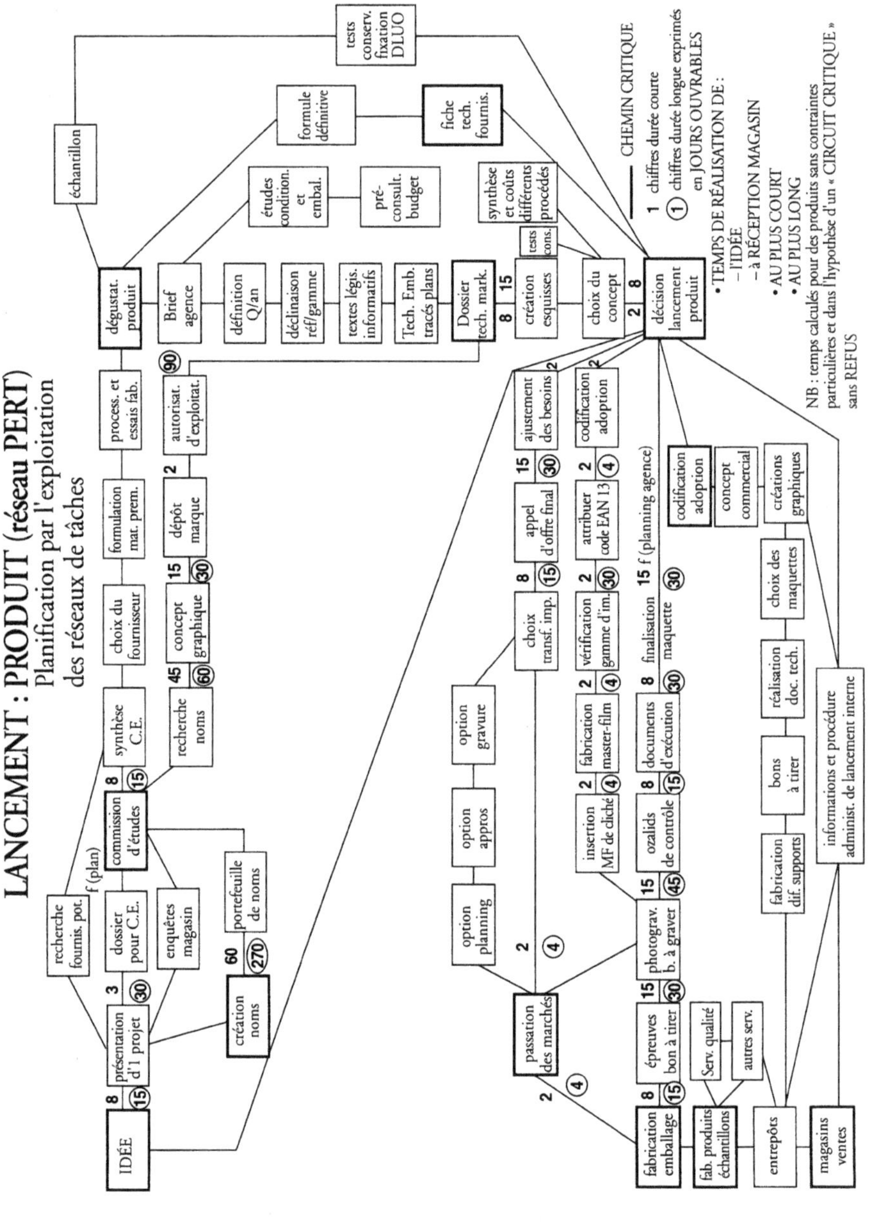
LANCEMENT : PRODUIT (réseau PERT)
Planification par l'exploitation
des réseaux de tâches
IDÉE
présentation d'1 projet
recherche fournis. pot.
dossier pour C.E.
f (plan)
enquêtes magasin
création noms
portefeuille de noms
commission d'études
synthèse C.E.
choix du fournisseur
formulation mat. prem.
process. et essais fab.
dégustat. produit
échantillon
tests conserv. fixation DLUO
formule définitive
fiche tech. fournis.
recherche noms
concept graphique
dépôt marque
autorisat. d'exploitat.
Brief agence
études condition. et embal.
pré-consult. budget
définition Q/an
déclinaison réf/gamme
textes légis. informatifs
Tech. Emb. tracés plans
Dossier tech. mark.
création esquisses
tests cons.
synthèse et coûts différents procédés
choix du concept
décision lancement produit
option planning
option appros
option gravure
passation des marchés
choix transf. imp.
appel d'offre final
ajustement des besoins
photograv. b. à graver
insertion MF de cliché
fabrication master-film
vérification gamme d'im.
attribuer code EAN 13
codification adoption
ozalids de contrôle
documents d'exécution
finalisation maquette
f (planning agence)
codification adoption
concept commercial
créations graphiques
fabrication emballage
épreuves bon à tirer
fab. produits échantillons
Serv. qualité
autres serv.
entrepôts
fabrication dif. supports
bons à tirer
réalisation doc. tech.
choix des maquettes
magasins ventes
informations et procédure administ. de lancement interne
CHEMIN CRITIQUE
1 chiffres durée courte
1 chiffres durée longue exprimés en JOURS OUVRABLES
• TEMPS DE RÉALISATION DE :
– l'IDÉE
– à RÉCEPTION MAGASIN
• AU PLUS COURT
• AU PLUS LONG
NB : temps calculés pour des produits sans contraintes particulières et dans l'hypothèse d'un « CIRCUIT CRITIQUE » sans REFUS

Lexique

Aligné au fer à gauche (ou à droite) : se dit d'un texte aligné sur son côté gauche (ou droit).

Aligné en pied : aligné sur la base de la typographie.

Aligné en tête : aligné sur le haut de la typographie.

Aplat : surface encrée avec une couleur unie et uniforme, sans variation de tonalité.

Bas de casse : lettre minuscule.

Benday : procédé qui permet une mise en couleur au niveau de la gravure par superposition de trames.

Bichromie : reproduction d'un document en 2 couleurs (une couleur primaire + noir par exemple).

Blanc tournant : zone d'une largeur constante définie autour d'un document, qui ne comportera pas de texte et dont la limite n'apparaîtra pas physiquement sur le document.

Bon à composer : accord pour composition des textes.

Bon à tirer : accord pour impression.

Bords perdus : impression pleine page sans aucune marge blanche.

Brief : écrit ou oral, c'est l'ensemble des indications ou des consignes relatives à un travail à effectuer.

Bromure : épreuve sur papier photographique.

Calibrage : action de compter le nombre de lettres entrant dans une ligne d'une justification (largeur) déterminée. Par extension, évaluation de l'encombrement d'un texte.

CAO : conception assistée par ordinateur.

Capitale : lettre majuscule.

Caractère : définit le dessin de la lettre.

Cartouche : emplacement généralement rectangulaire délimité par des filets techniques et pouvant comporter du texte.

Cicéro : unité de mesure typographique (1 cicéro = 4,5 mm environ).

Cliché : élément de gravure sur métal (en relief) servant à l'impression.

Composition : assemblage mécanique (linotype, monotype) ou électronique (photocomposition) de caractères, constituant un texte destiné à être imprimé.

Compte-fil : loupe permettant de voir la trame d'un imprimé, ou la netteté d'une photo.

Copyright : droit exclusif d'exploiter une œuvre pendant une période déterminée.

Corps : taille d'un caractère d'imprimerie (se mesurant sur une lettre capitale).

Couché (papier) : type de papier (mat et brillant) couramment utilisé pour la réalisation de packagings mais aussi d'imprimés publicitaires.

Coupe : débord de papier (imprimé ou non) sautant au moment de la découpe d'un imprimé à son format définitif.

DAO : dessin assisté par ordinateur.

Demi-teinte : image présentant des tons gris dégradés qui devront être reproduits à l'aide d'une trame (par exemple, photo noire).

Détourage : silhouettage manuel ou électronique d'un sujet.

Document d'exécution : mise au net extrêmement précise de la maquette, reproductible pour l'impression.

Dupli : copie d'une diapositive, d'un ektachrome, de films de photogravure.

Épreuve : feuille imprimée en quelques exemplaires, permettant de juger la qualité des photogravures ou des compositions typographiques qui serviront au tirage principal.

Façonnage : mise en forme définitive d'un packaging, à partir des feuilles d'impression (reliure, rogne...).

Filet : trait d'épaisseur variable servant à souligner, encadrer ou séparer.

Film : support souple et transparent servant à fabriquer les formes imprimantes (plaques).

Film demi-ton : permet d'obtenir toutes les valeurs de gris entre le noir et le blanc (utilisé pour la reproduction d'une image en demi-teinte).

Film trait : permet d'obtenir du blanc et du noir purs seulement (utilisé pour la reproduction des dessins, textes...).

Flexo : procédé d'impression en relief, généralement rotatif avec clichés souples au moyen d'encres à solvants volatiles.

Fond perdu : se dit d'un fond coloré venant sur l'ensemble de la surface à imprimer. Environ 5 mm de débord hors format forment une sécurité pour la découpe.

Gamme ou essai : série d'épreuves de photogravure décomposant, selon un ordre déterminé, les différentes couleurs constituant une reproduction. Lors du tirage, ces épreuves permettent de suivre et de reconstituer, couleur par couleur, la teinte de l'encre et l'intensité de l'encrage.

Gaufrage : relief ou creux marqué dans un papier, à chaud ou à froid.

Grammage : poids d'un papier (exprimé en gramme par mètre carré).

Graisse : épaisseur des lettres d'un caractère d'imprimerie.

Graphisme de marque : c'est la représentation graphique et exclusive d'une marque.

Héliogravure : procédé d'impression par gravure en creux sur cylindre cuivré puis chromé pour améliorer la résistance à l'essuyage mécanique du cylindre par une lame d'acier.

ILV : information sur le lieu de vente.

Imposition : opération qui consiste, avant l'impression, à disposer les pages d'un document de telle sorte qu'elles se retrouvent, après façonnage, dans l'ordre défini.

Inactinique : pigment rouge ne laissant pas passer la lumière, se présentant sous forme de film, feutres, peinture, et servant essentiellement en photogravure.

Interlettrage : espace entre les lettres.

Interlignage : espace entre les lignes.

Interligne : espace entre les lignes. Sa disposition et son emplacement constituent l'interlignage.

Internégatif : négatif couleur obtenu à partir d'une diapositive et servant à réaliser des tirages papier couleur.

Italique : lettre inclinée.

Justification : dimension définissant la largeur de la composition. Par extension celle des photos, dessins.

Logotype : c'est l'association du sigle, du graphisme de marque, des filets de liaison, et des couleurs de références.

Manuel d'identité visuelle : il s'agit d'un outil de travail dont la plupart des applications ont été traitées en cas de figure. Il contient les principaux éléments de travail graphiques.

Maquette : projet de mise en page des éléments d'un packaging (textes, visuel) permettant d'en juger la présentation globale.

Maquette en blanc : fabrication d'un exemplaire non imprimé d'un packaging avec le matériau dans lequel il sera réalisé, afin de juger de son aspect global (volume, poids...).

Mise en page : définition précise de la position des textes et visuels à l'intérieur d'une surface.

Moirage : mauvaise qualité d'une image due à la superposition de trames mal orientées.

Montage : opération qui consiste à assembler sur un support les différents éléments d'un packaging (textes, visuels) en fonction de la mise en page définie.

Négatif : film ou papier sur lequel les valeurs du positif sont :
- inversées pour le noir et blanc,
- en couleurs complémentaires pour la couleur.

Noir au blanc : inversion de l'image. Un dessin ou texte en noir sur blanc sera transformé en blanc sur noir.

PLV : publicité sur le lieu de vente.

Positif : film ou ektachrome ou papier sur lequel est représentée l'image réelle du sujet ou l'image que l'on veut obtenir.

Nuancier (Pantone) : édité par les fabricants d'encres, donne, par la combinaison de leurs couleurs de base, l'ensemble des couleurs possibles à obtenir.

Offset : procédé d'impression à partir d'une plaque présensibilisée, sans relief.

Overlay : film transparent qui permet de positionner en superposition des éléments différents à reprendre sur un même document d'exécution (à la place de plusieurs documents).

Ozalid : tirage d'un film par contact sur papier diazo.

PAO : publication assistée par ordinateur.

Passe : quantité supplémentaire à celle du tirage commandé, prévue pour compenser les feuilles nécessaires à la mise au point de l'impression et du façonnage.

Photogravure (noir ou couleur) : procédé photographique permettant de réaliser à partir des documents d'exécution un typon ou cliché de chaque couleur, suivant le procédé d'impression retenu.

Primaires (couleurs) : voir « Quadrichromie ».

Quadrichromie : reproduction d'un document couleur au moyen des trois couleurs primaires (jaune, rouge, bleu aussi appelées yellow, magenta, cyan) auxquelles on ajoute une couleur supplémentaire, le noir.

Réserve : consiste à réserver, dans une partie tramée ou à plat d'une reproduction, un texte ou un dessin à traiter soit en blanc pur, soit dans une couleur déterminée ou bien encore à réserver l'emplacement pour une autre illustration.

Rogne : voir « coupe ».

Romain : lettre droite.

Rough : crayonné de mise en page rapide.

Saturation : dosage de la quantité d'encre à appliquer sur le support.

Scan : enregistrement d'un document sur un support numérique.

Sélection : opération de photogravure qui consiste à isoler chaque couleur d'impression d'un document (par exemple sélection quadrichromie).

Sérigraphie : procédé d'impression dérivé du pochoir à base d'écran de soie, remplacé actuellement par des tissus synthétiques ou métalliques.

Sigle : c'est le signe qui identifie l'entreprise.

Simili : image demi-teinte tramée (voir demi-teinte).

Surimpression : impression sur l'impression d'autres couleurs (par exemple texte noir sur aplat de couleur).

Tel : signifie que la reproduction (textes, visuels) doit être à la même dimension que l'original.

Tirage :

– reproduction sur papier d'un document photographique quel qu'il soit.

– production en série de packagings ou d'imprimés.

– nombre d'exemplaires imprimés par journal (quotidien, magazine, etc.).

Ton direct : couleur obtenue directement à l'impression par une encre ou plusieurs encres mélangées (et non par superposition de trames comme pour la quadrichromie).

Trademark (TM) : marque de fabrique.

Trait : image présentant des noirs et des blancs purs sans teintes intermédiaires.

Trait de coupe : indication, sur un document d'exécution, de l'emplacement de la coupe définitive (format « fini »).

Trame : quadrillage très fin que l'on interpose entre l'original et la surface sensible de la gravure d'un document, pour en traduire les nuances en une structure de points reproduisant les valeurs de l'original. Plus le numéro de la trame est grand, plus la trame est fine.

Trichromie : reproduction d'un document en 3 couleurs (2 couleurs primaires + noir par exemple).

Typographie : procédé d'impression qui utilise des caractères ou des clichés en relief. Se dit également d'une composition de textes.

Typon : film négatif ou positif servant à l'impression offset ou autres.

Bibliographie

Le bois, la pâte, le papier, Pierre Valette et Christian de Choudens, CTP.

Dictionnaire bilingue de la publicité et de la communication, Fabienne Duvillier, Dunod, 1990 (épuisé).

L'Édition électronique, Hervé Le Crosnier, Édition du Cercle de la Librairie.

Savoir travailler en groupe, J.E. Eitington, Les Éditions d'Organisation, 1990.

Précis de mise en page, par Louis Guery, CFPJ.

Papiers et Impressions – Imprimerie et Arts graphiques, AFNOR.

La Flexographie, Tome 1, Guy Jourdannet, RAG Éditions.

Les procédés report-photo en sérigraphie, Marcel Legras, Dessain et Tolra, Paris.

L'univers des photocomposeuses, Jacques Robert, collection « Caractère ».

Conception de l'Imposition, J. P. Gobert, Édition de l'INIAG.

Comment on imprime, G. Baudry et R. Marange, Dunod, Paris.

Le point sur les emballages alimentaires en PVC, GECOM, Livre Blanc 1978.

Les matières plastiques dans l'industrie alimentaire, René Lefaux, collection « Que sais-je » (Presses Universitaires de France, 108, boulevard Saint-Germain, Paris) ; *L'imprimerie*, Gérard Martin, *Le papier*, René Escourron ; *Papier et cellulose*, F. Meyer et L.T. Olmer ; *Les rayons X*, A. Boutaric.

Lexique des Industries graphiques, 1969, Caractère.

Quelques revues sur l'emballage

Bios boissons conditionnement, 24, rue de Dunkerque, 75010, Paris.
Tél. : 01 45 26 78 65, fax : 01 42 80 64 36.

Caractère, 26, rue d'Oradour-sur-Glane, 75504 Paris Cedex 15.
Tél. : 01 44 25 34 01, fax : 01 45 57 16 37.

Cartonnages et emballages modernes, 31, place Saint-Ferdinand, 75017 Paris. Tél. : 01 45 74 67 43, fax : 01 45 72 63 21.

Emballage Digest, Tour Amboise, 204, rond-point du Pont-de-Sèvre, 92516 Boulogne-Billancourt Cedex.
Tél. : 01 47 61 87 50, fax : 01 46 21 10 20.

Emballage magazine, 12-14, rue Médéric, 75089 Paris Cedex 17,
Tél. : 01 56 79 43 00, fax : 01 56 79 43 03.

Le guide de l'emballage, 12-14, rue Médéric, 75089 Paris Cedex 17,
Tél. : 01 56 79 43 00, fax : 01 56 79 43 03.

LSA, 12-14, rue Médéric, 75089 Paris Cedex 17,
Tél. : 01 56 79 43 00, fax : 01 56 79 43 01.

Marketing magazine, 31-35, rue Gambetta, 92150 Suresnes.
Tél. : 01 41 18 86 18, fax : 01 45 06 30 51.

Revue du papier carton, 18 rue Saint-Fiacre, 75002 Paris,
Tél. : 01 42 36 51 02, fax : 01 42 36 04 62.

Unité de vente consommateurs, 128, rue de Billancourt, 92100 Boulogne.
Tél. : 01 46 04 06 89, fax : 01 46 04 06 83.

Principales adresses utiles

ADEME (Paris)
Agence de l'environnement et de la maîtrise de l'énergie
27, rue Louis-Vicat
75015 Paris
Tél. : 01 47 65 20 00
Fax : 01 46 45 52 36

ADEME (Angers)
2, square La Fayette
49000 Angers
Tél. : 02 41 20 41 20
Fax : 02 41 87 23 50

ADELPHE
39, rue Saint-Lazare
75009 Paris
Tél. : 01 49 70 84 00
Fax : 01 40 82 94 31

AFAQ
Association française pour la qualité
116, rue Aristide-Briand
92224 Bagneux Cedex
Tél. : 01 46 11 37 37
Fax : 01 46 37 77

AFNOR
Association française de normalisation
Tour Europe
Cedex 7
92049 Paris La Défense
Tél. : 01 42 91 55 55
Fax : 01 42 91 56 56

AFT-IFTIM
Association pour le développement de la formation professionnelle dans les transports/Institut français des techniques d'implantation et de manutention
46, avenue de Villiers
75017 Paris
Tél. : 01 42 12 50 50
Fax : 01 42 12 50 10

ASLOG
Association française pour la logistique
119, rue Cardinet
75017 Paris
Tél. : 01 40 53 85 59
Fax : 01 47 66 27 08

AUTF
Association des utilisateurs de transport de fret
91, rue du Faubourg-Saint-Honoré
75008 Paris
Tél. : 01 42 68 34 80
Fax : 01 40 06 94 40

CDAF
Compagnie des dirigeants d'approvisionnement et acheteurs de France
2-4, rue Paul-Cézanne
93364 Neuilly-Plaisance

Tél. : 01 43 08 20 20
Fax : 01 43 08 53 89

CETIE/INE
Centre technique international de l'embouteillage - Institut nationale de l'embouteillage
3, rue de La Boétie
75008 Paris
Tél. : 01 42 65 26 45
Fax : 01 40 07 03 21

CLIFE
Comité de liaison des industries françaises de l'emballage
5, rue de Chazelles
75017 Paris
Tél. : 01 46 22 09 09
Fax : 01 46 22 09 99

CNE
Conseil national de l'emballage
118, avenue Achille-Peretti
92200 Neuilly-sur-Seine
Tél. : 01 46 37 16 00
Fax : 01 46 37 10 51

CSEMP
Chambre syndicale des emballages en matières plastiques
5, rue de Chazelles
75017 Paris
Tél. : 01 46 22 33 66
Fax : 01 46 22 02 35

CSVMF
Chambre syndicale des verriers mécaniques de France
3, rue de La Boétie
75008 Paris
Tél. : 01 42 65 60 02
Fax : 01 42 66 23 88

ÉCO-EMBALLAGES
44, avenue Georges-Pompidou
92302 Levallois-Perret

Tél. : 01 40 89 99 99
Fax : 01 40 89 99 88

Fédération des chambres syndicales de l'industrie verrière française
3, rue de La Boétie
75008 Paris
Tél. : 01 42 65 60 02
Fax : 01 42 66 23 88

Fédération des cristalleries verreries à la main et mixte
32, rue de Paradis
75010 Paris
Tél. : 01 47 70 26 42
Fax : 01 47 70 34 84

FEDIMAG
Fédération des entrepositaires distributeurs et des magasins généraux agréés par l'État / des prestataires logistiques
36, avenue Hoche
75008 Paris
Tél. : 01 42 56 23 71
Fax : 01 45 63 22 23

FÉDÉRATION DE LA PLASTURGIE
65, rue de Prony
75017 Paris
Tél. : 01 43 18 00 25

FEDEREC
101, rue de Prony
75017 Paris
Tél. : 01 40 54 01 94
Fax : 01 40 54 77 88

FNADE
Fédération nationale activités déchets et environnement
110, avenue de la République
75011 Paris
Tél. : 01 48 05 96 69
Fax : 01 48 05 98 09

FRANCE ALUMINIUM RECYCLAGE
30, avenue de Messine

75008 Paris
Tél. : 01 46 91 45 85
Fax : 01 46 91 45 50

INSTITUT FRANçAIS DE L'EMBALLAGE
ET DU CONDITIONNEMENT
GEM – IFEC Promotion
EUROPEAN PACKAGING FEDERATION
(C/O IFEC PROMOTION)
33, rue Louis-Blanc
93582 Saint-Ouen Cedex
Tél. : 01 40 11 22 12
Fax : 01 40 11 01 06

INSTITUT PASTEUR
25, rue du Docteur-Roux
75015 Paris
Tél. : 01 45 68 80 00
Fax : 01 43 06 98 35

INSTITUT DU VERRE/PROVER
41, rue des Chantiers
78000 Versailles
Tél. : 01 30 33 28 80
Fax : 01 39 02 36 09

MINISTÈRE DE L'AMÉNAGEMENT DU TERRITOIRE
ET DE L'ENVIRONNEMENT
20, avenue de Ségur
75032 Paris 07 SP
Tél. : 01 42 19 20 21
Fax : 01 42 19 14 68

REVIPAC
6, rue Auguste-Barthlodi
75015 Paris
Tél. : 01 45 79 88 99
Fax : 01 45 79 39 33

SITL
Semaine internationale du transport et de la logistique
70, rue Rivay

92532 Levallois-Perret
Tél. : 01 47 56 24 57
Fax : 01 47 56 08 68

SNFBM
Syndicat national des fabricants de boîtes, emballages et bouchages métalliques
Maison de la mécanique
39-41, rue Louis-Blanc
92400 Courbevoie
Tél. : 01 47 17 64 47
Fax : 01 47 17 64 46

SPMP
Syndicat des producteurs de matières plastiques
Le Diamant A
92909 Paris La Défense
Tél. : 01 46 53 10 53
Fax : 01 46 63 10 73

SOLLAC
Chambre syndicale des aciers pour l'emballage
Immeuble Le Pacific
11-13, cours Valmy
92070 Paris La Défense Cedex
Tél. : 01 41 25 91 00
Fax : 01 41 28 87 88

VALORPLAST
13, rue de la République
92800 Puteaux
Tél. : 01 46 53 10 95
Fax : 01 46 53 10 90

Lightning Source UK Ltd.
Milton Keynes UK
UKHW021428290921
4376UKFR00007B/185

9 782100 491056